火灾探测报警系统原理与应用

娄 悦 主编

ZHEJIANG UNIVERSITY PRESS
浙江大学出版社

图书在版编目（CIP）数据

火灾探测报警系统原理与应用 / 娄悦主编. —杭州：
浙江大学出版社，2018.3（2024.5重印）
　　ISBN 978-7-308-18033-7

　　Ⅰ. ①火… Ⅱ. ①娄… Ⅲ. ①火灾监测－报警系统－
高等职业教育－教材 Ⅳ. ①TU998-13

　　中国版本图书馆 CIP 数据核字（2018）第 047698 号

火灾探测报警系统原理与应用

娄　悦　主编

责任编辑	王元新	
责任校对	汪淑芳	
封面设计	周　灵	
出版发行	浙江大学出版社	
	（杭州市天目山路 148 号　邮政编码 310007）	
	（网址：http://www.zjupress.com）	
排　　版	杭州好友排版工作室	
印　　刷	广东虎彩云印刷有限公司绍兴分公司	
开　　本	787mm×1092mm　1/16	
印　　张	8.5	
字　　数	207 千	
版 印 次	2018 年 3 月第 1 版　2024 年 5 月第 5 次印刷	
书　　号	ISBN 978-7-308-18033-7	
定　　价	27.00 元	

前　言

PREFACE

　　近些年,我国社会经济高速发展,城市化进程不断向前推进,越来越多的人口涌入城市。为了协调城市日益紧张的用地需求和不断增多的人口之间的矛盾,城市中出现了越来越多的高楼大厦。火灾是现代建筑中最频发的灾害,特别是一些高层、超高层建筑,一旦发生火灾,损失是相当巨大的。通过火灾探测报警系统及时发现并报告火情,以便及时疏散人员、控制火势的发展、尽早扑灭火灾,就成了确保人身安全、将损失降低到最小范围并防止造成灾害的先决条件。随着从事消防专业的人员需求大大增加,越来越多的消防从业人员需要掌握火灾探测报警系统的理论知识和实践技能。然而,相关的专业书籍比较缺乏,特别是针对高职层次消防工程技术专业学生,能够将火灾探测报警系统的理论知识和实践技能有机结合在一起的专业教材更是少之又少。

　　本教材采用"基于零件封装式的动态螺旋递进"的教学理念,以消防行业特点和就业岗位需求导向为出发点,注重理论知识和实践技能相结合,将"教学课堂"和"工作现场"两个不同情境的事物有机地融为一体,把培养能够胜任火灾探测报警系统安装、调试及运行等岗位的应用型技术人才作为目标。全书分为绪论和 6 个模块,其中:模块一　火灾探测器的原理与应用;模块二　手动火灾报警按钮的原理与应用;模块三　火灾报警控制器的原理与应用;模块四　地址码模块的原理与应用;模块五　火灾显示盘的原理与应用;模块六火灾声光警报器的原理与应用。全书内容新颖,通俗易懂,实践性强,每个模块的"学习目标"强调各个模块的学习内容及要求;"基础知识"介绍基础理论知识;"实践应用"培养实践技能;"复习思考"便于学生对本模块的学习进行回顾与反思。

　　本书可作为高职高专院校消防工程、智能楼宇、物业管理等专业的教材,同时也可作为消防工程技术人员的参考书籍。

　　本书由浙江警官职业学院娄悦老师主编,在编写过程中参考了大量技术资料,吸取了众多火灾探测报警设备的新技术、新成果;同时得到了浙江警官职业学院安全防范系,特别是消防工程技术专业全体同仁的大力支持,在此一并表示感谢。由于编者水平有限,书中难免有不妥和错误之处,恳请渎职批评指正。

目 录

CONTENTS

绪　　论

一、概　述

(一)现代建筑火灾危险性的特点

现代建筑由于自身所具有的特点,使其存在以下火灾危险性。

1. 火势蔓延快、烟气扩散快

现代建筑内部设置有楼梯间、电梯井、风道、电缆井、管道井等竖向井道,如果防火分隔或防烟分隔处理不好,火灾发生时就会成为火势和烟气迅速蔓延的通道。特别是一些高级旅馆、综合大楼以及重要的办公楼、科研大楼等现代建筑,室内可燃物比较多,有些现代建筑还设置有可燃物品库房,一旦起火,燃烧猛烈,特别容易蔓延。

根据相关资料显示,烟气沿竖向井道扩散的速度为 $3\sim4m/s$,假设一座高度为 100m 的现代建筑底层发生火灾,在无任何阻挡的情况下,烟气沿竖向井道扩散到顶层只需要半分钟左右的时间。

2. 人员疏散困难

现代建筑内人员较多且集中,楼层跨度大且垂直距离长,发生火灾时人员疏散到地面或其他安全场所所需要的时间也较长,据资料显示,在高度为 60m 的现代建筑内,人员安全疏散的时间需要 0.5h,而对于高度为 150m 的超高层现代建筑则需要 2h以上;而且,由于现代建筑采用大跨度框架结构和灵活的环境布置,其开间和隔墙布置复杂,安全疏散通道曲折隐蔽,这就增加了人员疏散的难度,使建筑内人员难以安全疏散逃离。另外,由于各种竖井上拔气力大,所以火势和烟雾蔓延快,增加了人员疏散的难度。

3. 火灾扑救难度大

现代建筑发生火灾时,从室外进行扑救的难度是相当大的,一般都要立足于自救,即主要依靠现代建筑本身的消防设施。但是,由于目前我国的经济技术条件限制,建筑内部消防设施的维护与保养还不很完善,因此扑救现代建筑火灾往往会遇到比较大的困难。

另外,现代建筑的消防用水量是根据我国目前的技术水平、按照一般高层建筑的火灾规模来计算的,当形成大面积火灾时,其消防用水量则明显不足,需要使用消防车向较高楼层加压供水,因而对消防技术装备的要求也比较高。

4. 火险隐患多、火灾损失重

现代建筑具有综合性强、功能复杂、可燃物多等特点,且存在消防安全管理不严、火险隐患较多等问题。因此,一旦发生火灾,容易形成大面积火灾,火势蔓延快,扑救疏散困难,火灾损失严重。

(二)火灾探测报警系统

综上所述,火灾是现代建筑中最频发的事故,特别是一些高层、超高层建筑,一旦发生火灾,其损失是相当巨大的。如何及时发现并报告火情,以便及时疏散人员、控制火势的发展、尽早扑灭火灾,就成了确保人身安全、将损失降到最低的先决条件,这就给火灾探测报警工作提出了很高的要求。

火灾探测报警系统能够及时、准确地探测初起火灾,同时做出报警响应,从而使得建筑物内的人员有充足的时间在火灾尚未发展、蔓延至威胁生命安全的程度时即疏散至安全地带,它是保障人员生命安全最基本的建筑消防系统。

二、系统组成

火灾探测报警系统一般由触发器件、火灾报警装置、火灾警报装置和电源四部分组成。

(一)触发器件

在火灾探测报警系统中,能够自动或手动产生火灾报警信号的器件称为触发器件,主要包括:火灾探测器和手动火灾报警按钮,如图 0-1 所示。

(a) 火灾探测器　　　　　　　　　　(b) 手动火灾报警按钮

图 0-1　触发器件

火灾探测器是能够响应火灾参数(如烟雾、温度、火焰光、特征气体等)并自动发出火灾报警信号的器件。

手动火灾报警按钮是现场人员在发现火情后,通过手动操作的方式发出火灾报警信号的器件,也是火灾探测报警系统中必不可少的组成部件之一。

(二)火灾报警装置

在火灾探测报警系统中,用于接收、显示和传递火灾报警信号,并能发出控制信号和具有其他辅助功能的控制指示设备称为火灾报警装置。

火灾报警控制器就是其中最基本的一种。另外,还有一些诸如中继器、区域显示器、火灾显示盘、消防控制室图形显示装置等功能不完整的火灾报警装置,它们可视为火灾报警控制器的演变或补充。火灾报警控制器和火灾显示盘如图 0-2 所示。

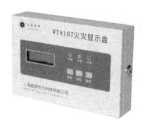

(a) 火灾报警控制器　　　　　　　　　　(b) 火灾显示盘

图 0-2　火灾报警装置

(三)火灾警报装置

在火灾探测报警系统中,用于发出区别于环境声和/或光的火灾警报信号的装置称为火灾警报装置。其主要包括:火灾声光警报器、消防警铃等,如图 0-3 所示。它以声、光等方式向报警区域发出火灾警报信号,以警示现场人员立即采取安全疏散、灭火救灾等措施。

(a) 火灾声光警报器　　　　　　　　　　(b) 消防警铃

图 0-3　火灾警报装置

(四)电源

火灾探测报警系统的电源包含主电源和备用电源两个部分。主电源应采用消防电源,即向消防用电设备供给电能的独立电源;备用电源宜采用蓄电池。

三、工作原理

火灾探测报警系统的工作原理如图 0-4 所示。

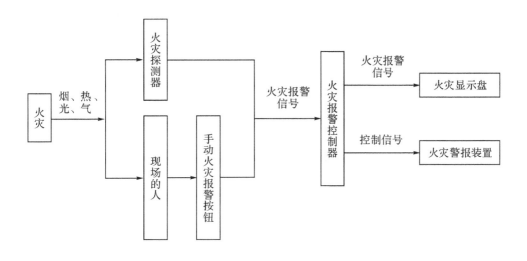

图 0-4　火灾探测报警系统工作原理

火灾发生时,安装在保护现场的火灾探测器能够将由火灾产生的烟雾、高温、火焰及火灾特有的气体等信号转换成电信号,经过与正常状态阈值或参数模型分析比较,产生火灾报警信号并传输至火灾报警控制器;而在火灾现场的人员若发现火情,也可以触发安装在现场的手动火灾报警按钮,使其发出火灾报警信号并传输至火灾报警控制器。

火灾报警控制器接收到火灾报警信号后,经处理,一方面发出火警声光报警信号,显示并记录发生火警的位置和时间;另一方面将火灾报警信号传送至设置在各防火分区所设置的火灾显示盘。

当火灾被确认之后,火灾报警控制器可以控制设置在保护区域内的火灾警报装置发出火灾警报信号,向处于被保护区域内的人员警示火灾的发生。

模块一 火灾探测器的原理与应用

一、学习目标

(1)掌握火灾探测器的概念、分类和性能指标。

(2)掌握典型火灾探测器的工作原理。

(3)掌握火灾探测器工作状态的识别方法。

(4)掌握火灾探测器产品型号的识读方法。

二、基础知识

(一)概述

火灾探测器是用来自动响应其附近区域由火灾产生的物理和/或化学现象的探测器件,是火灾探测报警系统的重要组成部分,是系统的"感觉器官"。

火灾探测器能够监视被保护区域内有无火灾发生,一旦发现火情,就对火灾的特征物理量(烟雾浓度、温度、火焰光强度、特征气体浓度等)进行分析、处理、判断,如果判定为火灾,则立即发出火灾报警信号。

(二)分类

1. 按照待测火灾参数的不同分类

燃烧或热解所产生的烟雾、高温气体、火焰光、特征气体等被称为"待测火灾参数"。火灾探测器正是以"待测火灾参数"为依据进行火灾探测、分析和判断的。

(1)感烟火灾探测器:响应悬浮在其周围大气中的燃烧和/或热解产生的固体或液体微粒的火灾探测器。

(2)感温火灾探测器:响应其周围气流的异常温度和/或温升速率的火灾探测器。

(3)感光火灾探测器:响应火焰光发出的特定波段电磁辐射的火灾探测器,又被称为"火焰探测器"。

(4)气体探测器:响应燃烧或热解产生的特征气体的火灾探测器。

(5)复合火灾探测器:同时具有两个或两个以上火灾参数的探测能力,或者具有一个火灾参数两种灵敏度的探测能力的火灾探测器。

2. 按照监视范围的不同分类

(1)点型火灾探测器:响应一个小型传感器附近的火灾产生的物理和/或化学现象的火灾探测器件,其监视范围是一个以火灾探测器为圆心、一定长度为半径的圆形区域。

(2)线型火灾探测器:响应某一连续线路附近的火灾产生的物理和/或化学现象的火灾探测器件,其监视范围是一个带状区域。

3. 按照信号传输方式的不同分类

(1)编码型火灾探测器:可设置地址码,用于标识火灾探测器的身份。

(2)非编码型火灾探测器:不可设置地址码,无法标识火灾探测器的身份。

(3)无线型火灾探测器:可设置地址码,与火灾报警控制器之间无须导线连接,信号传输采用无线方式。

(4)混合型火灾探测器:混合型火灾探测器一般为编码/无线混合型或非编码/无线混合型。

4. 按照使用环境的不同分类

(1)陆用型火灾探测器:最通用的火灾探测器。

（2）船用型火灾探测器：对工作环境的温度、湿度等要求均高于陆用型火灾探测器。

5．按照防爆性能的不同分类

（1）非防爆型火灾探测器：无防爆要求，目前民用建筑中使用的绝大部分火灾探测器属于这一类。

（2）防爆型火灾探测器：具有防爆性能、用于有防爆要求的石油和化工等场所的工业型火灾探测器。

（三）典型火灾探测器工作原理

1．感烟火灾探测器

烟雾是火灾的早期现象，利用感烟火灾探测器可以最早感受火灾信号即火灾参数。感烟火灾探测器是目前世界上应用较普及、数量较多的火灾探测器。据统计，感烟火灾探测器可以探测 70％ 以上的火灾。目前，典型的感烟火灾探测器如表 1-1 所示。

表 1-1　典型感烟火灾探测器

点型	离子感烟火灾探测器	
	光电感烟火灾探测器	减光式光电感烟火灾探测器
		散射光式光电感烟火灾探测器
线型	红外光束感烟火灾探测器	
	激光感烟火灾探测器	

（1）离子感烟火灾探测器

离子感烟火灾探测器的核心部件是感烟电离室，其基本结构如图 1-1 所示。感烟电离室的两个电极板 P_1 和 P_2 之间的空气分子受到放射源 ^{241}Am 不断放出的 α 射线照射，高速运动的 α 粒子撞击空气分子，使得 P_1 和 P_2 之间的空气分子电离为正、负离子。这样，电极板之间原来不导电的空气就具有了导电性。在电场的作用下，正、负离子有规则地定向运动,使得电离室呈现出典型的伏安特性,形成离子电流。当火灾发生时,由火灾产生的烟雾及燃烧产物即烟雾气溶胶进入感烟电离室,表面积较大的烟雾粒子将吸附其中的正、负离子,引起离子电流的变化。

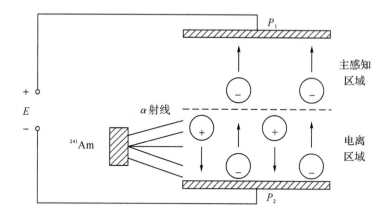

图 1-1　感烟电离室基本结构

　　离子感烟火灾探测器包含两个感烟电离室:检测用电离室和补偿用电离室。其中,检测用电离室采用开室结构,烟雾容易进入;补偿用电离室采用闭室结构,烟雾难以进入。两个感烟电离室反向串联,并在两端外加电压 E,其基本结构如图 1-2 所示。

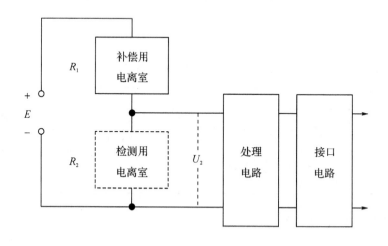

图 1-2　离子感烟火灾探测器基本结构

　　当火灾发生时,由燃烧产生的烟雾及燃烧产物即烟雾气溶胶进入检测用电离室,表面积较大的烟雾粒子将吸附其中的正、负离子,使其导电性变差,即引起 R_2 增大。

由于检测用电离室两端电压 $U_2 = E/(1+R_1/R_2)$，R_2 的增大即引起 U_2 的增大。U_2 的大小反映了烟雾浓度的大小，据此可通过处理电路对 U_2 进行阈值放大比较、类比判断处理或火灾参数运算，最后通过接口电路发出火灾报警信号。

（2）光电感烟火灾探测器

光电感烟火灾探测器是利用烟雾粒子对光的吸收或散射作用改变光的传播特性这一基本性质研制的。根据烟雾粒子对光的吸收或散射作用，光电感烟火灾探测器又可以分为减光式光电感烟火灾探测器和散射光式光电感烟火灾探测器两种类型。

■ 减光式光电感烟火灾探测器

减光式光电感烟火灾探测器的核心部件是检测暗室，其基本结构如图 1-3 所示。定值电阻 R_1 和检测暗室中的光敏电阻 R_2 串联，并在两端外加电压 E，那么 R_2 两端的电压 $U_2 = E/(1+R_1/R_2)$。

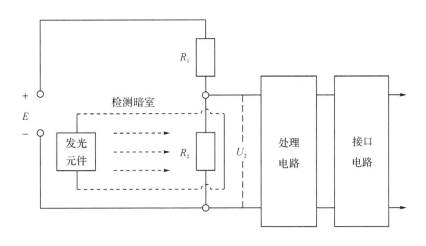

图 1-3　减光式光电感烟火灾探测器基本原理

火灾发生时，进入检测暗室的烟雾粒子对发光元件发出的平行光产生吸收和散射作用，使得照射到光敏电阻上的光强度减弱，引起光敏电阻 R_2 阻值变大，最终导致 U_2 变大。U_2 的大小反映了烟雾浓度的大小，据此可通过处理电路对 U_2 进行阈值放大比较、类比判断处理或火灾参数运算，最后通过接口电路发出火灾报警信号。

■ 散射光式光电感烟火灾探测器

散射光式光电感烟火灾探测器的核心部件也是检测暗室，其基本结构如图 1-4

所示。定值电阻 R_1 和检测暗室中的光敏电阻 R_2 串联,并在两端外加电压 E,那么 R_2 两端的电压 $U_2 = E/(1 + R_1/R_2)$。

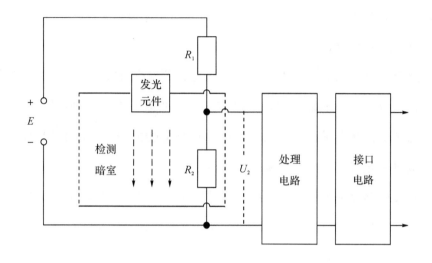

图 1-4　散射光式光电感烟火灾探测器基本结构

火灾发生时,进入检测暗室的烟雾粒子对发光元件(光源)发出的一定波长的光产生散射作用(按照光散射定律,烟粒子需轻度着色,且当其粒径大于光的波长时将产生散射作用),使得照射到光敏电阻上的光强度增强,引起光敏电阻 R_2 的阻值变小,最终导致 U_2 变小。U_2 的大小反映了烟雾浓度的大小,据此可通过处理电路对 U_2 进行阈值放大比较、类比判断处理或火灾参数运算,最后通过接口电路发出火灾报警信号。

散射光式光电感烟火灾探测方式一般只适用于点型火灾探测器结构,其检测暗室中发光元件与光敏电阻的夹角在 $90° \sim 135°$,夹角愈大,灵敏度愈高。

(3)红外光束感烟火灾探测器

红外光束感烟火灾探测器属线型感烟火灾探测器,由发射器和接收器两个部分组成,其基本结构如图 1-5 所示。

正常情况下,红外光束火灾探测器的发射器发送一个不可见的波长为 940nm 的脉冲红外光束,它经过保护空间时能不受阻挡地射到接收器内的光敏电阻 R_2 上,定值电阻 R_1 和 R_2 串联并在两端外加电压 E,那么 R_2 两端的电压 $U_2 = E/(1 + R_1/R_2)$。

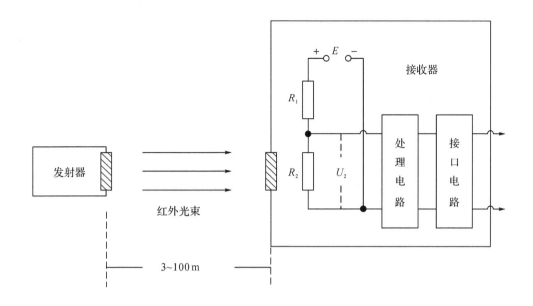

图 1-5　红外光束感烟火灾探测器基本结构

当火灾发生时,由于受保护空间内的烟雾气溶胶扩散到红外光束照射范围内,使到达接收器的红外光束衰减,接收器接收到的红外光束的辐射强度减弱,引起光敏电阻 R_2 的阻值变大,最终导致 U_2 变大。U_2 的大小反映了烟雾浓度的大小。据此可通过处理电路对 U_2 进行阈值放大比较、类比判断处理或火灾参数运算,最后通过接口电路发出相应的火灾报警信号。

红外光束感烟火灾探测器的特点是:保护面积大,安装位置较高,在相对湿度较高和强电场环境中反应速度快,适合保护较大空间的场所,尤其适合保护难以使用点型火灾探测器甚至根本不可能使用点型火灾探测器的场所。

2. 感温火灾探测器

感温火灾探测器是对保护现场的温度和/或温升速率进行监测的一种火灾探测器。物质在燃烧过程中会释放出大量热,引起周围环境温度升高,利用感温火灾探测器来探测火灾的发生是一种非常有效的手段。特别是在某些经常存在大量粉尘、油雾、水蒸气的场所,无法使用感烟火灾探测器,那么使用感温火灾探测器就比较合适。另外,在某些重要场所,为了提高火灾探测报警系统的功能性和可靠性,也要求感温火灾探测器和感烟火灾探测器同时使用。

感温火灾探测器根据其作用与原理不同,分为三大类:定温火灾探测器、差温火灾探测器和差定温火灾探测器。

(1)定温火灾探测器

定温火灾探测器是指在规定时间内,火灾引起的温度上升超过某个定值时就发出火灾报警信号的火灾探测器。目前,典型的定温火灾探测器如表1-2所示。

表 1-2　典型定温火灾探测器

点型	双金属型定温火灾探测器
	易熔金属型定温火灾探测器
	电子式定温火灾探测器
线型	热敏电缆型定温火灾探测器
	同轴电缆型定温火灾探测器
	可复用电缆型定温火灾探测器

■ 双金属型定温火灾探测器

如图1-6所示是一种双金属型定温火灾探测器的基本结构。它是在一个不锈钢圆筒形外壳内固定两片磷铜合金片,磷铜合金片两端有绝缘套,在磷铜合金片中段部位装有一对金属触头,每个触头各由一根导线引出接入处理电路。

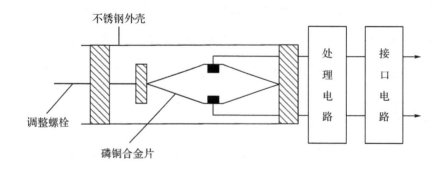

图 1-6　双金属型定温火灾探测器(1)基本结构

当火灾发生时,环境温度升高,由于不锈钢的热膨胀系数大于磷铜合金,因此在受热后,磷铜合金片被拉伸,两个金属触头逐渐靠拢。当温度达到标定值时,触头闭合,处理电路接通,经过分析运算,即可由接口电路发出火灾报警信号,如图1-7所示。

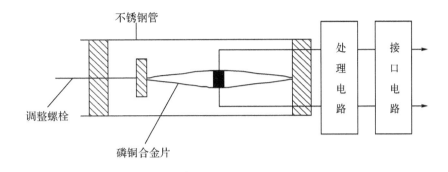

图1-7   双金属型定温火灾探测器(1)报警状态示意

两片磷铜合金片的一端固定处有调整螺栓,可以用来调整它们之间的距离,以改变报警温度值,一般可在标定的40～250℃范围内进行调整。但调整工作只能由制造厂家在专用设备上经精密测试后加以标定,用户不得自行调整,而只能按标定值选用。

如图1-8所示是另一种双金属型定温火灾探测器的基本结构。它是由热膨胀系数不同的两片金属片(一片不锈钢片和一片磷铜合金片)和绝缘底座组成的。两片金属片的两端分别焊接在一起,其中一端固定在绝缘底座上,而在另一端以及绝缘底座上分别安装一个金属触头,每个触头各由一根导线引出接入处理电路。

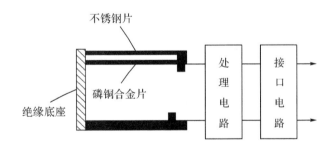

图1-8   双金属型定温火灾探测器(2)基本结构

当火灾发生时,环境温度升高,由于不锈钢的热膨胀系数大于磷铜合金,因此在受热后,双金属片会逐渐向下弯曲。当温度达到标定值时,触头闭合,处理电路接通,经过分析运算,即可由接口电路发出火灾报警信号,如图1-9所示。

15

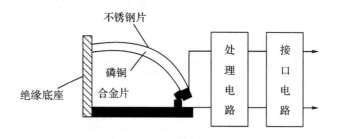

图 1-9 双金属型定温火灾探测器(2)报警状态示意

需要说明的是,无论哪种双金属型定温火灾探测器,在环境温度恢复正常后,其双金属片又可以复原,因此该火灾探测器可长时间重复使用,故又将其称为"可恢复型双金属定温火灾探测器"。

双金属型定温火灾探测器既适用于一般场合,又适用于厨房、锅炉房等室内温度较高且经常有变化的场所。此外,双金属型定温火灾探测器在产品规格上还可做成防爆型(一般为圆筒形),特别适用于含有甲烷、一氧化碳、水煤气、汽油蒸气等易燃易爆物质的场所。

■ 易熔金属型定温火灾探测器

易熔金属型定温火灾探测器的基本结构如图 1-10 所示,它的绝缘底座和弹簧顶杆底端之间通过一小块易熔合金(熔点为 70～90℃)焊接在一起,使得弹簧顶杆与绝缘底座相连接,弹簧顶杆上端与绝缘底座各有一个金属触头,平时它们并不互相接触,每个触头各由一根导线引出接入处理电路。

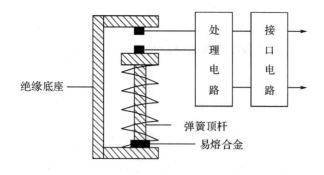

图 1-10 易熔金属型定温火灾探测器基本结构

当火灾发生,环境温度上升至标定值时,易熔合金焊点熔化脱落,弹簧顶杆借助弹簧弹力弹起,使其触头与绝缘底座的触头相接触,处理电路接通,即由接口电路发出火灾报警信号,如图 1-11 所示。这种火灾探测器结构简单,牢固可靠,很少误动作。

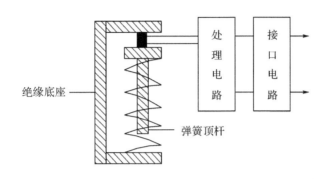

图 1-11　易熔金属型定温火灾探测器报警状态示意

易熔金属型定温火灾探测器在适用范围和安装事项上基本与双金属型定温火灾探测器相同。但应当加以注意的是:易熔金属型定温火灾探测器一旦动作后,即不可复原再用,故在安装时,不能在现场用模拟热源进行测试;另外,在安装后每隔几年(一般为 5 年)应进行一次抽样测试,每次抽试数不应少于安装总数的 5%,且最少应为 2 只。当抽样中出现 1 只失效情况,应再加倍抽试,如再有失效情况发生,则应全部拆除换新。

■ 电子式定温火灾探测器

电子式定温火灾探测器是利用热敏电阻受到温度作用时,其自身在火灾探测器电路中起的特定作用来实现定温报警功能的,其基本结构如图 1-12 所示。CTR 临界温度热敏电阻 R_1 和定值电阻 R_2 串联并在两端外加电压 E,那么 R_2 两端的电压 $U_2 = E/(1+R_1/R_2)$。

当火灾发生时,环境温度上升达到热敏电阻的临界值,R_1 迅速从高阻态转向低阻态,U_2 迅速变大,这种电压的明显变化经处理电路进行阈值放大比较、类比判断处理或火灾参数运算后,即可由接口电路发出火灾报警信号。

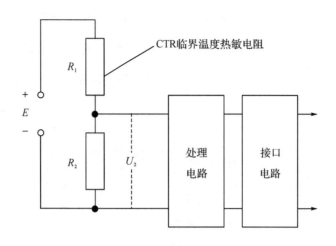

图 1-12　电子式定温火灾探测器基本结构

■ 线型定温火灾探测器

线型定温火灾探测器一般采用定温火灾探测原理,将热敏元件制作成电缆状沿着一条线连续分布,只要线段上任何一点的温度出现异常,就能立刻发现并发出火灾报警信号。典型的线型定温火灾探测器有热敏电缆型定温火灾探测器和同轴电缆型定温火灾探测器两种,可复用感温电缆型定温火灾探测器近些年也有相关报道。

热敏电缆型定温火灾探测器基本结构如图 1-13 所示,两根金属导体分别接入处理电路,在其外面各罩上一层热敏绝缘材料后拧在一起构成热敏电缆,这种绝缘材料在常温下呈绝缘体特性。

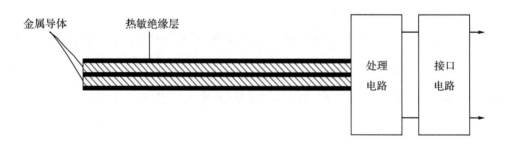

图 1-13　热敏电缆型定温火灾探测器基本结构

当火灾发生时,环境温度上升至热敏绝缘材料的熔点,热敏绝缘材料熔化,两根金属导体闭合,接通处理电路,经过分析运算,即可通过接口电路发出火灾报警信号。

同轴电缆型定温火灾探测器的基本结构如图 1-14 所示,在由金属丝编织的网状导体中放置一根金属柱状导体,两种导体分别接入处理电路,两者之间采用热敏绝缘材料填充隔绝。这种绝缘物在常温下呈绝缘体特性。

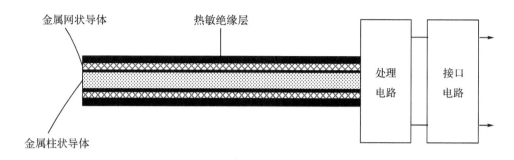

图 1-14　同轴电缆型定温火灾探测器基本结构

当火灾发生时,环境温度上升至热敏绝缘材料的熔点,热敏绝缘材料熔化,两种导体闭合,接通处理电路,经过分析运算,即可通过接口电路发出火灾报警信号。

(2)差温火灾探测器

差温火灾探测器是指在规定时间内,火灾引起的温度上升速率超过某个规定值时发出火灾报警信号的火灾探测器。目前,典型的差温火灾探测器如表 1-3 所示。

表 1-3　典型差温火灾探测器

点型	膜盒型差温火灾探测器
	电子式差温火灾探测器
	半导体差温火灾探测器
线型	空气管差温火灾探测器
	热电偶差温火灾探测器

■ 膜盒型差温火灾探测器

膜盒型差温火灾探测器的基本结构如图 1-15 所示,它的外壳与底座构成了一个密闭的感热室,只有一个很小的漏气孔能与大气相通,感热室内波纹膜片上的动触头与底座上的定触头分别通过一根导线接入处理电路。

当环境温度缓慢升高时,感热室内外的空气可通过漏气孔进行调节,从而保证感热室内外的空气压力保持平衡,波纹膜片上的动触头不会发生移动。

当火灾发生时,环境温度急剧上升,感热室内的空气由于急剧受热膨胀而来不及

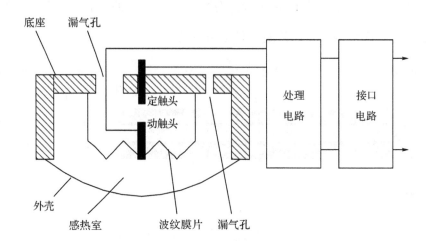

底座　漏气孔

定触头

动触头

处理
电路

接口
电路

外壳

感热室　　波纹膜片　漏气孔

图 1-15　膜盒型差温火灾探测器基本结构

从漏气孔向外排出,导致感热室内外空气压力差增大,将波纹膜片鼓起,使得波纹膜片上的动触头和底座上的定触头相接触,接通处理电路,经过分析运算,即可由接口电路发出火灾报警信号。这种火灾探测器灵敏度高、可靠性好、不受气候变化影响,应用十分广泛。

■ 电子式差温火灾探测器

电子式差温火灾探测器的基本结构如图 1-16 所示,热敏电阻 R_1 和 R_2 串联并在两端外加电压 E,R_1 置于热传导性能较差的特制金属外壳中,R_2 置于热传导性能较好的铜外壳中,将 R_2 两端的电压 U_2 作为信号输出,那么 $U_2 = E/(1+R_1/R_2)$。

当环境温度缓慢升高时,R_1 和 R_2 阻值变化速度相差不大,R_1/R_2 也不会发生较大变化,因此 U_2 变化也不大。

当火灾发生时,由于温度升高很快,R_1 置于热传导性能较差的金属罩中,其阻值受温度影响较小、变化较慢;而 R_2 置于热传导性能较好的铜壳中,其阻值受温度影响较大、变化较快,R_1/R_2 会变得很小,因此 U_2 的变化会较大。U_2 的大小反映了温升速率的大小,据此可通过处理电路对 U_2 进行阈值放大比较、类比判断处理或火灾参数运算,最后通过接口电路发出火灾报警信号。

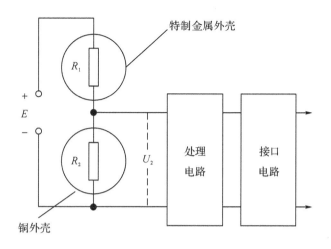

图 1-16　电子式差温火灾探测器基本结构

■ 空气管差温火灾探测器

空气管差温火灾探测器的基本结构如图 1-17 所示,它由空气管(安装于要保护的场所)、动触头、定触头和电路部分(安装在保护现场或保护现场之外)组成,动触头和定触头分别通过一根导线接入处理电路。

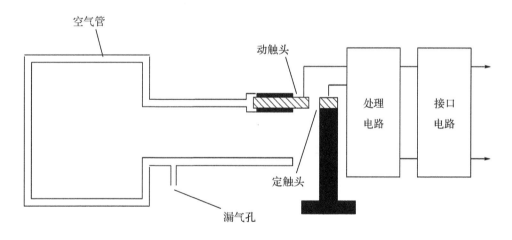

图 1-17　空气管差温火灾探测器基本结构

当环境温度缓慢升高时,空气管中受热膨胀的气体能够及时从漏气孔中排出,空气管内外空气压力相差不大,动触头不会发生位移。

当火灾发生时,环境温度急剧上升,空气管内的空气受热急速膨胀,漏气孔无法及时将其排出,空气管内外空气压力差增大导致动触头发生位移,使其与定触头接触,接通处理电路,经过分析运算,即可由接口电路发出火灾报警信号。

（3）差定温火灾探测器

差定温火灾探测器结合了定温火灾探测和差温火灾探测两种感温作用与原理。在消防工程中,常见的差定温火灾探测器是将差温火灾探测器、定温火灾探测器结合在一起,兼有两者的功能,若其中某一功能失效,则另一种功能仍然起作用,大大提高了火灾探测的可靠性。差定温火灾探测器按其工作原理的不同,可分为机械式差定温火灾探测器和电子式差定温火灾探测器两种。

■ 机械式差定温火灾探测器

机械式差定温火灾探测器的基本结构如图 1-18 所示,它由外壳、底座、定触头、动触头、波纹膜片、弹簧顶杆等部分组成,弹簧顶杆被易熔合金焊点焊接在外壳上,波纹膜片上的动触头和底座上的定触头分别通过一根导线接入处理电路。

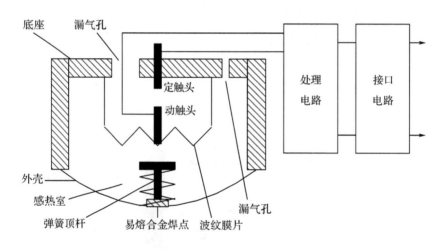

图 1-18　机械式差定温火灾探测器基本结构

定温探测的工作原理是:当环境温度上升达到标定值时,易熔合金焊点熔化,弹簧顶杆向上弹起,推动固定在波纹膜片上的动触头,使其与固定在底座上的定触头接触,处理电路接通,经过分析运算,即可由接口电路发出火灾报警信号。

差温探测的工作原理是:当环境温度上升很快时,感热室内的空气由于急剧受热膨胀而来不及从漏气孔溢出,导致感热室内外空气压力差增大,将波纹膜片鼓起,波纹膜片上的动触头与底座上的定触头接触,处理电路接通,经过分析运算,即可由接口电路发出火灾报警信号。

■ 电子式差定温火灾探测器

电子式差定温火灾探测器的基本结构如图 1-19 所示,它由一个定值电阻 R_1 和三个热敏电阻 $R_2R_3R_4$ 组成。其中 R_3 布置在一个铜外壳内,它对环境温度的变化较为敏感;R_4 布置在一个特制金属外壳内,对环境温度的变化不敏感。常温下 $R_1=R_2$,$R_3=R_4$,输出电压 $U_0=U_P-U_Q$。

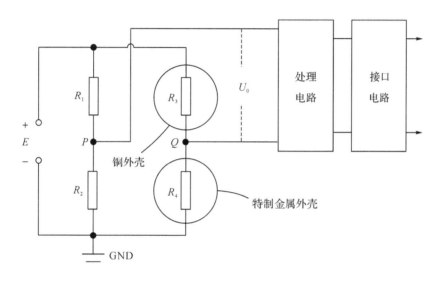

图 1-19　电子式差定温火灾探测器基本结构

定温探测的工作原理是:当火灾发生时,如果环境温度缓慢上升,R_2 阻值逐渐变大,$U_P=E/(1+R_1/R_2)$ 将增大,R_3 和 R_4 阻值变化速度相差不大,R_3/R_4 变化不大,$U_Q=E(1+R_3/R_4)$ 变化也不大。那么随着温度的缓慢升高 U_0 将增大,U_0 的大小反映了温度的高低,据此可通过处理电路对 U_0 进行阈值放大比较、类比判断处理或火灾参数运算,最后通过接口电路发出火灾报警信号。

差温探测的工作原理是:当火灾发生时,如果环境温度上升很快,R_3 置于热传导性能较好的铜外壳内,其阻值受温度影响大、变化快,而 R_4 置于热传导性能较差的特制金属外壳内,其阻值受温度影响小、变化慢,R_3/R_4 会变得很大。因此 U_Q 会变小且变化较大;R_2 阻值随温度升高而变大,使得 U_P 变大。那么 U_0 将变大,U_0 的大小反映了温升速率的大小,据此可通过处理电路对 U_o 进行阈值放大比较、类比判断处理或火灾参数运算,最后通过接口电路发出火灾报警信号。

(四)性能指标

1. 工作电压和允差

工作电压是指火灾探测器正常工作时所需电源的电压。火灾探测器的工作电压统一规定为 DC24V。允差是指火灾探测器工作电压允许波动的范围。按照国家标准规定,允差为额定工作电压的 $-15\%\sim10\%$。各种不同产品由于采用的元器件不同,其电路不同,允差值也不一样,一般允差越大越好。

2. 响应阈值和灵敏度

响应阈值是指火灾探测器发出火灾报警信号的最小参数值,不同类型火灾探测器的响应阈值和单位量纲也不相同。

灵敏度是指火灾探测器响应火灾参数的敏感程度。一般将火灾探测器的灵敏度分为三级,供火灾探测器在不同的环境条件下使用。

3. 保护面积

保护面积是指一个火灾探测器能够有效探测的范围,它是确定火灾探测报警系统中采用火灾探测器数量的计算依据。

4. 工作环境条件

工作环境条件是指火灾探测器安装位置的环境温度、相对湿度、气流速度和清洁程度等。它是决定选用何种火灾探测器的参考依据。通常要求火灾探测器对工作环境的适应性越强越好。

三、实践应用

（一）识别工作状态

1. 专项知识

通常情况下，火灾探测器有以下两种工作状态：

（1）正常监视状态：火灾探测器接通电源投入工作后，未接收到火灾信号、未发生故障，正常监视被保护对象时所处的状态称为"正常监视状态"。

（2）火灾报警状态：火灾探测器接收到火灾信号后，经判定火灾已发生，发出火灾报警信号后所处的状态称为"火灾报警状态"。

火灾探测器上设有"火警"指示灯，如图1-20所示，根据其点亮状态即可判断火灾探测器处于何种工作状态："火警"指示灯常灭或间歇性闪烁时为"正常监视状态"，红色常亮时为"火灾报警状态"。

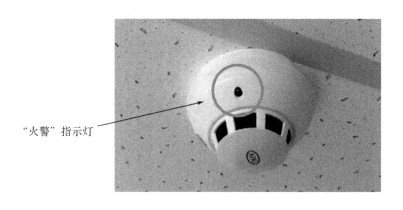

图1-20 "火警"指示灯

2. 实践要求

识别教师指定的火灾探测器的工作状态。

3．操作步骤

（1）观察火灾探测器上"火警"指示灯的点亮状态。

（2）"火警"指示灯常灭或间歇性闪烁即可判定该火灾探测器处于"正常监视状态"。

（3）"火警"指示灯红色常亮即可判定该火灾探测器处于"火灾报警状态"。

（二）识读产品型号

1．专项知识

根据《火灾探测器产品型号编制方法》（GA/T227-1999）的规定，火灾探测器产品型号由特征代号（类、组、型特征代号和传感器特征及传输方式代号）和规格代号（厂家及产品代号和主参数及自带报警声响标志）两大部分组成。其基本形式如图1-21所示。

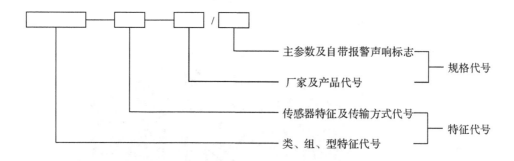

图1-21　火灾探测器产品型号基本形式

根据 GA/T227-1999 的规定，火灾探测器产品型号的具体形式如图1-22所示。

【1】为消防产品分类代号。火灾探测器属于火灾报警设备，而火灾报警设备在消防产品中的分类代号为"J"。

【2】为火灾报警设备分类代号。火灾探测器在火灾报警设备中的分类代号为"T"。

【3】为火灾探测器类型分组代号。具体表示方法是：感烟火灾探测器为"Y"，感温火

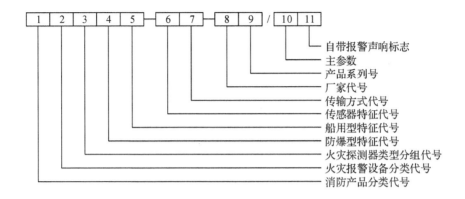

图 1-22　火灾探测器产品型号具体形式

灾探测器为"W",感光火灾探测器为"G",气体探测器为"Q",复合火灾探测器为"F"。

【4】为火灾探测器防爆型特征代号。防爆型为"B",非防爆型省略。

【5】为火灾探测器船用型特征代号。船用型为"C",陆用型省略。

【6】为火灾探测器中传感器特征代号。不同类型的火灾探测器表示方法不同,具体如下:

■ 感烟火灾探测器

离子感烟为"L",光电感烟为"G",红外光束感烟为"H",吸气型离子感烟为"LX",吸气型光电感烟为"GX"。

■ 感温火灾探测器

感温火灾探测器的传感器特征代号用两个字母表示,前一个字母为敏感元件特征代号,后一个字母为敏感方式特征代号。

敏感元件特征代号表示法是:双金属为"S",易熔材料为"R",热敏电缆为"L",膜盒为"M",空气管为"G",半导体为"B",热敏电阻为"Z"。

敏感方式特征代号表示法是:定温为"D",差温为"C",差定温为"O"。

■ 感光火灾探测器

紫外感光为"Z",红外感光为"H",多波段感光为"U"。

■ 气体探测器

气敏半导体为"B",催化为"C"。

■ 复合火灾探测器

复合火灾探测器的传感器特征用组合在一起的火灾探测器类型分组代号或传感器特征代号表示,以上列出传感器特征的火灾探测器用其传感器特征表示,其他用火灾探测器类型分组代号表示,感温火灾探测器用其敏感方式特征代号表示。

例如,光电感烟定温复合为"GD",光电感烟差定温复合为"GO",离子感烟定温复合为"LD",紫外感光差温复合为"ZC"。

【7】为火灾探测器传输方式特征代号。具体表示方法是:编码型为"M",非编码型为"F",混合型为"H",无线型为"W"。

【8】为厂家代号。一般用1～3位具有代表性的汉语拼音字母或英文字母表示。

【9】为产品系列号。一般用1～3位阿拉伯数字表示。

【10】为主参数。其表示方法如下:

■ 定温、差定温火灾探测器用灵敏度级别或动作温度值表示;

■ 差温火灾探测器、感烟火灾探测器的主参数无须反映;

■ 其他火灾探测器用能代表其响应特征的参数表示;

■ 复合火灾探测器主参数如为两个以上,其间用"/"隔开。

【11】为自带报警声响标志。对于自带报警声响的火灾探测器,在主参数之后用大写汉语拼音字母"B"标明。

2. 实践要求

识读表1-4中所列举的火灾探测器产品型号,在每行对应栏中分别写出该产品型号对应火灾探测器的类型、应用范围、传感器和传输方式等信息。

表 1-4 火灾探测器产品型号识读

火灾探测器型号	类型	应用范围	传感器	传输方式
JTW-ZOF-GW602EX				
JTF-GDF-LD3200E				
JTF-GOM-GST9613				
JTY-GM-GST9611				
JTW-SDM-HM2000				

火灾探测器型号	类型	应用范围	传感器	传输方式
JTW-ZDM-LD3300EN				
JTYB-GF-GY602EX				
JTW-ZDF-WX1000F90				
JTY-HM-GST9615				
JTW-BOM-HST8120				
JTW-ZOM-GST9612				
JTG-ZM-GST9614				
JTYC-GM-HST8110				
JTWB-ZOM-LD3300EC				
JTY-LF-NS021/B				
JTW-ZOF-GST9712				
JTGB-ZF-TC312				
JTFB-GOF-GST601				
JTGB-HF-TC311				
JTY-HF-GST102				
JTG-ZF-C34				
JTQ-BM-LD3101/B				
JTYB-GM-LD3000EM				
JTQ-BF-G01				
JTGB-ZM-GST501/I				
JTQB-CF-TC316				
JTY-GF-GST9711				
JTQ-CM-FS1022				
JTY-LXM-GST234				
JTW-BDF-1002				

3. 操作步骤

(1)从左至右观察给定的产品型号(下同),如果第 1 个字母为"J"且第 2 个字母为"T",即可确定为火灾探测器产品型号。

(2)第 3 个字母为火灾探测器类型分组代号。

(3)第 3 个字母之后、第 1 根横线之前部分依次为火灾探测器产品防爆型特征代号和船用型特征代号。

（4）第 2 根横线之前的第 1 个字母为火灾探测器传输方式特征代号。

（5）两根横线之间除去火灾探测器传输方式特征代号外的剩余部分即为火灾探测器中传感器的特征代号。

四、复习思考

1. 火灾探测器是火灾探测报警系统的"大脑"，是否正确？

2. 火灾探测器按照待测火灾参数的不同，可以分为哪几类？

3. 点型火灾探测器的监视范围是什么？

4. 火灾探测器按照信号传输方式的不同，可分为哪几类？

5. 编码型火灾探测器与非编码型火灾探测器有何区别？

6. 地址码的作用是什么？

7. 防爆型火灾探测器通常用于哪种场合？

8. 船用型火灾探测器是否可以在陆地上使用？

9. 典型的点型感烟火灾探测器有哪几种？

10. 典型的线型感烟火灾探测器有哪几种？

11. 离子感烟火灾探测器的核心部件是什么？

12. 离子感烟火灾探测器中，检测用感烟电离室和补偿用感烟电离室有何区别？

13. 离子感烟火灾探测器有何缺点？

14. 减光式光电感烟火灾探测器和散射光式光电感烟火灾探测器的检测暗室有何不同？

15. 相较于离子感烟火灾探测器，光电感烟火灾探测器有何优点？

16. 感温火灾探测器根据其作用与原理不同可分为哪几类？

17. 典型的定温火灾探测器有哪些？

18. 相较于双金属型定温火灾探测器和电子式定温火灾探测器，易熔金属型定温火灾探测器有何缺点？

19. 如何提高双金属型定温火灾探测器的报警温度？

20. 如何提高易熔金属型定温火灾探测器的报警温度？

21. 典型的点型差温火灾探测器有哪些？

22. 膜盒型差温火灾探测器与电子式差温火灾探测器的探测原理有何区别？

23. 空气管线型差温火灾探测器的缺点是什么？

24. 火灾探测器的工作电压是多少？允差是多少？

25. 火灾探测器"火警"指示灯常灭或者间歇性闪烁时，其处于何种工作状态？

模块二　手动火灾报警按钮的原理与应用

一、学习目标

(1)掌握手动火灾报警按钮的概念和分类。

(2)掌握手动火灾报警按钮工作状态的识别方法。

(3)掌握手动火灾报警按钮的使用方法。

(4)掌握手动火灾报警按钮产品型号的识读方法。

二、基础知识

(一)概述

火灾探测报警系统有自动和手动两种触发器件。各种类型的火灾探测器是自动触发器件,而手动火灾报警按钮则是手动触发器件。当火灾发生而火灾探测器尚未探测到火情的时候,若现场人员发现火情可以手动操作手动火灾报警按钮,发出火灾报警信号。

从某种意义上来说,人是一种高级智能复合火灾探测器,例如,眼睛可以看到燃烧产生的火焰光和烟雾,耳朵可以听到燃烧发出的声音,鼻子可以闻到烟气的味道,皮肤可以感知到温度的变化。人体的器官感知到这些火灾信息后,经过大脑的综合分析得到结论——该处是否发生火灾。正常情况下,当手动火灾报警按钮发出火灾报警信号时,火灾发生的概率比火灾探测器要大得多,几乎没有误报的可能,因为手动火灾报警按钮报火警的条件是必须人工按下。因此,手动火灾报警按钮报警时,要求更可靠、更确切、更快地处理火情。

(二)分类

1. 按照启动零件操作方式的不同分类

(1)手动按下型手动火灾报警按钮:启动零件为"报警压板",按下报警压板即可发出火灾报警信号,如图 2-1 所示。

图 2-1　手动按下型手动火灾报警按钮

(2)手动击打型手动火灾报警按钮:启动零件为"报警玻璃",使用击锤击打报警玻璃使其破碎即可发出火灾报警信号,如图 2-2 所示。

图 2-2　手动击打型手动火灾报警按钮

(3)手动拉下型手动火灾报警装置:启动零件为"报警拉环",拉下报警拉环即可发出火灾报警信号,目前已不常见。

2. 按照防爆性能的不同分类

(1)非防爆型手动火灾报警按钮:无防爆要求,目前民用建筑中使用的绝大部分手动火灾报警按钮属于这一类。

(2)防爆型手动火灾报警按钮:具有防爆性能、用于有防爆要求的石油和化工等场所的工业型手动火灾报警按钮。

3. 按照使用环境的不同分类

(1)陆用型手动火灾报警按钮:最通用的手动火灾报警按钮。

(2)船用型手动火灾报警按钮:对工作环境温度、湿度等要求均高于陆用型手动火灾报警按钮。

4. 按照安装方式的不同分类

(1)明装式手动火灾报警按钮:安装在墙体表面,如图 2-3 所示。

图 2-3 明装式手动火灾报警按钮

(2)暗装式手动火灾报警按钮:嵌入墙体安装,如图 2-4 所示。

图 2-4　暗装式手动火灾报警按钮

5. 按照信号传输方式的不同分类

(1)编码型手动火灾报警按钮:可设置地址码,用于标识手动火灾报警按钮的身份。

(2)非编码型手动火灾报警按钮:不可设置地址码,无法标识手动火灾报警按钮的身份。

三、实践应用

(一)识别工作状态

1. 专项知识

通常情况下,手动火灾报警按钮有以下两种工作状态:

(1)正常监视状态:手动火灾报警按钮接通电源投入工作后,启动零件未触发后所处的状态称为"正常监视状态"。

（2）火灾报警状态：手动火灾报警按钮在启动零件受到触发并发出火灾报警信号后所处的状态称为"火灾报警状态"。

手动火灾报警按钮上设有"火警"指示灯，如图 2-5 所示。根据其点亮状态即可判断手动火灾报警按钮处于何种工作状态："火警"指示灯常灭或间歇性闪烁时为"正常监视状态"，红色常亮时为"火灾报警状态"。

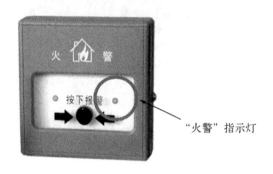

图 2-5　J-SAP-M-AHG992010 型手动火灾报警按钮

2. 实践要求

识别教师指定的手动火灾报警按钮的工作状态。

3. 操作步骤

（1）观察手动火灾报警按钮上"火警"指示灯的点亮状态。

（2）"火警"指示灯常灭或间歇性闪烁即可判定该手动火灾报警按钮处于"正常监视状态"。

（3）"火警"指示灯红色常亮即可判定该手动火灾报警按钮处于"火灾报警状态"。

（二）报警

1. 专项知识

使用手动火灾报警按钮报警，应手动触发其启动零件并通过观察判断其是否处于火灾报警状态。

2.实践要求

使用教师指定的手动火灾报警按钮报警。

3.操作步骤

(1)按下手动火灾报警按钮上印制有"按下报警"字样的有机玻璃片。

(2)观察手动火灾报警按钮是否处于"火灾报警状态",如果是则说明报警成功;反之,则需要采取其他方式报警。

(三)复位启动零件

1.专项知识

复位启动零件是指将手动火灾报警按钮的启动零件由"火灾报警状态"下所处状态恢复至"正常监视状态"下所处状态的操作。需要注意的是,手动火灾报警按钮启动零件复位后,手动火灾报警按钮的工作状态仍是"火灾报警状态"。

2.实践要求

完成教师指定的手动火灾报警按钮启动零件复位。

3.操作步骤

(1)将手动火灾报警按钮复位吸盘压在标有"按下报警"字样的有机玻璃片上,保证吸盘内空气排出。

(2)将复位吸盘向自身方向拉动,力量适中。

(3)将吸盘底部稍稍向外翻出,以便空气能够进入吸盘底部,使得吸盘脱离手动火灾报警按钮,即完成复位。

(4)观察手动火灾报警按钮处于何种工作状态。

（四）识读产品型号

1. 专项知识

根据《手动火灾报警按钮技术要求及试验方法》（GA 5-91）的规定，手动火灾报警按钮型号的基本形式如图 2-6 所示。

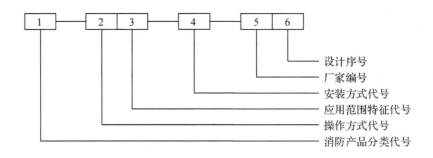

图 2-6　手动火灾报警按钮型号基本形式

"1"为消防产品分类代号。手动火灾报警按钮属于火灾报警设备，而火灾报警设备在消防产品中的分类代号为"J"。

"2"为操作方式代号。具体表示方法是：手动按碎（下）为"SA"，手动击打为"SJ"，手动拉下为"SL"。

"3"为应用范围特征代号。具体表示方法是：普通型（非防爆陆用型）为"P"，防爆陆用型为"B"，非防爆船用型为"C"，防爆船用型为"BC"。

"4"为安装方式代号。具体表示方法是：明装式为"M"，暗装式为"A"。

"5"为厂家编号。一般用若干位具有代表性的汉语拼音字母或英文字母表示。

"6"为设计序号。一般用若干位阿拉伯数字表示。

2. 实践要求

识读表 2-1 中所列举的手动火灾报警按钮产品型号，在每行对应栏中分别写出该产品型号对应手动火灾报警按钮的操作方式、应用范围和安装方式等信息。

表 2-1 手动火灾报警按钮产品型号识读

手动火灾报警按钮型号	操作方式	应用范围	安装方式
J-SAB-M-PA1231			
J-SABC-M-GST2100			
J-SJC-M-GST001			
J-SLBC-A-AHG202394			
J-SAP-A-AHG992011			
J-SAB-A-GST004			
J-SJBC-M-3100			
J-SJB-M-02			
J-SAC-A-31231			
J-SAC-M-R50			
J-SAP-M-AHG992010			
J-SJB-A-R33			
J-SJBC-A-9000			
J-SJP-A-5300			
J-SLB-M-7840			
J-SLBC-M-JY78			
J-SLP-A-GST005			
J-SLC-M-HK90			
J-SLB-A-GST5900			
J-SLP-M-PA12322			
J-SJC-A-OL00			
J-SLC-A-M330			
J-SABC-A-P5823			
J-SJP-M-200			
J-SLBC-A-Y28			

3. 操作步骤

(1)从左至右观察给定的产品型号(下同),如第 1 个字母为"J"且第 1 个字母之后为一根横线,即可确定为手动火灾报警按钮的产品型号。

(2)第 1 根横线之后的前 2 个字母即为手动火灾报警按钮的操作方式代号。

(3)第 1 根横线和第 2 根横线之间除去手动火灾报警按钮的操作方式代号之外剩余部分即为手动火灾报警按钮应用范围特征代号。

(4)第 2 根横线和第 3 根横线之间部分即为手动火灾报警按钮安装方式代号。

四、复习思考

1. 同属于触发器件,手动火灾报警按钮与火灾探测器的区别是什么?

2. 手动按下型手动火灾报警按钮的启动零件是什么? 如何报警?

3. 手动击打型手动火灾报警按钮的启动零件是什么? 如何报警?

4. 编码型手动火灾报警按钮是否可以设置地址码?

5. 手动火灾报警按钮"火警"指示灯红色常亮时,其处于何种工作状态?

6. 手动火灾报警按钮启动零件复位后,其处于何种工作状态?

模块三　火灾报警控制器的原理与应用

一、学习目标

(1)掌握火灾报警控制器的概念和分类。

(2)掌握火灾报警控制器与系统部件集成与调试的基本方法。

(3)掌握火灾报警控制器的基本操作方法。

(4)掌握火灾报警控制器产品型号的识读方法。

二、基础知识

(一)概述

火灾报警控制器是一种能够向系统部件(如火灾探测器、手动火灾报警按钮等)提供稳定的工作电源,监视系统部件及其自身的工作状态,接收、显示和传输火灾报警信号,同时执行相应辅助控制等任务的火灾报警装置。

火灾报警控制器是火灾探测报警系统的重要组成部分,是系统的"大脑",是系统的核心。火灾报警控制器功能的优劣反映出火灾探测报警系统的技术构成、可靠性、稳定性和性价比等因素,是评价火灾探测报警系统先进性的一项重要指标。

(二)分类

1. 按照线制的不同分类

在火灾探测报警系统中,火灾探测器、手动火灾报警按钮与火灾报警控制器之间的距离从几十米到几百米不等;一台火灾报警控制器可以连接几十到上百甚至上千只火灾探测器和手动火灾报警按钮。火灾报警控制器与火灾探测器、手动火灾报警按钮之间的接线数量和方式被称为"线制"。常见的线制有多线制和总线制两种。线制是火灾探测报警系统运行机制的体现,按照线制的不同,火灾报警控制器可以分为多线型火灾报警控制器、总线型火灾报警控制器和无线型火灾报警控制器。

(1)多线型火灾报警控制器:多线型火灾报警控制器的使用与早期的火灾探测器设计、火灾探测器与火灾报警控制器的连接等有关。一般要求每个火灾探测器或手动火灾报警按钮通过一组导线(每组导线的数量为两条甚至更多)与火灾报警控制器相连接,以确保从每个火灾探测器或手动火灾报警按钮发出的火灾报警信号能够传输至火灾报警控制器,这一组导线被称为"火灾报警信号线"。简而言之,火灾探测器或手动火灾报警按钮与火灾报警控制器之间通过一组导线一一对应连接,有一个火灾探测器(或手动火灾报警按钮)便需要一组导线与之对应,如图 3-1 所示。根据每组火灾报警信号线中导线数量的不同,常见的多线型火灾报警控制器有二线型火灾报

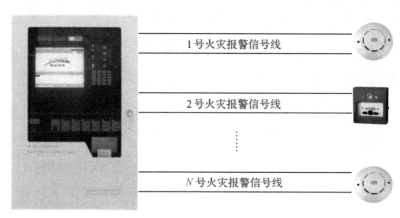

图 3-1 多线型火灾报警控制器应用示意

警控制器、四线型火灾报警控制器等。

多线型火灾报警控制器由于施工与维护复杂,目前已逐步被淘汰,基本只有已运行的系统仍在使用。

(2)总线型火灾报警控制器:随着微电子器件、数字脉冲电路及计算机应用技术应用于火灾探测报警系统,总线型火灾报警控制器出现了。它改变了以往多线型火灾报警控制器的硬线对应连接方式,代之以数字脉冲信号巡检和信息压缩传输技术,采用大量编码、译码电路和微处理机实现火灾探测器、手动火灾报警按钮与火灾报警控制器的协议通信和监测控制。

总线型火灾报警控制器通过一组导线与若干个编码型火灾探测器(或编码型手动火灾报警按钮)连接,所有编码型火灾探测器(或编码型手动火灾报警按钮)均连接在这一组导线上,这一组导线被称为"火灾报警总线",如图 3-2 所示。

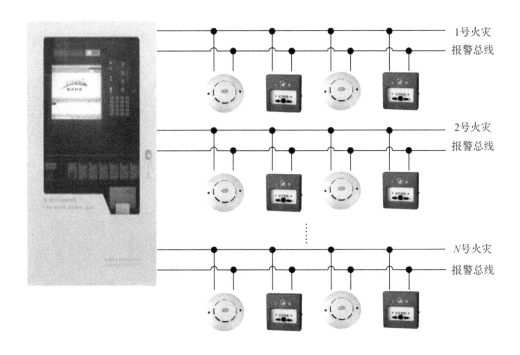

图 3-2 总线型火灾报警控制器应用示意

一台总线型火灾报警控制器可连接若干组火灾报警总线,每组火灾报警总线包含 2～4 根导线。常见的总线型火灾报警控制器有二总线型火灾报警控制器和四总线型火灾报警控制器。需要注意的是,每组火灾报警总线可以连接的火灾探测器、手动火灾报警按钮的数量是有限制的,而且不同厂家的产品各不相同。

总线型火灾报警控制器具有安装、调试、使用方便,工厂造价较低等特点,给设计、施工及维护带来了极大的方便,同时采用总线型火灾报警控制器的系统抗干扰能力强、误报率低、总功耗较低,因此被广泛采用。需要注意的是,一旦火灾报警总线出现"短路"或者"断路"问题,将导致火灾报警总线整个或者部分失效,甚至损坏部分设备。

(3)无线型火灾报警控制器:与火灾探测器(或手动火灾报警按钮)之间无须导线连接,火灾报警信号采用无线方式传输,主要用于古建筑、临时建筑等不适于布线的特殊场所。

2. 按照用途的不同分类

(1)区域火灾报警控制器:用于火灾探测器和手动火灾报警按钮的监测、巡检、供电与备电,接收火灾监测区域内火灾探测器和手动火灾报警按钮的输出参数或火灾报警、故障报警信号,并且转换为声、光报警输出,显示火警或故障部位等,如图 3-3 所示。

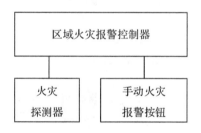

图 3-3　区域火灾报警控制器应用示意

(2)集中火灾报警控制器:用于接收区域火灾报警控制器的火灾报警信号、故障报警信号,显示火灾或故障部位,记录、处理及传输火灾信息和故障信息等,如图 3-4 所示。

(3)通用火灾报警控制器:兼有区域和集中火灾报警控制器的功能,其形式多样,功能完备,可根据实际需要作为区域火灾报警控制器或者集中火灾报警控制器使用。

近年来,随着技术的发展,在许多场合,火灾报警控制器已不再严格区分区域、集中和通用三种类型,而统称为火灾报警控制器。

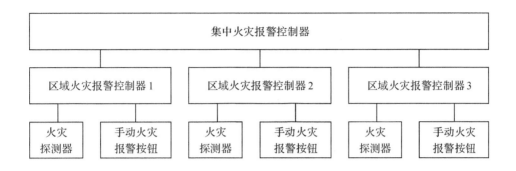

图 3-4 集中火灾报警控制器应用示意

3．按照容量的不同分类

容量是指火灾报警控制器能够接收、处理火灾报警信号的回路数。

(1)单路火灾报警控制器:只包含一个火灾报警回路的火灾报警控制器,一般仅在某些特殊的火灾探测报警系统中应用。

(2)多路火灾报警控制器:包含两个或两个以上火灾报警回路的火灾报警控制器,其性价比较高,是目前使用最为广泛的火灾报警控制器。

4．按照结构形式的不同分类

火灾报警控制器根据其机箱结构形式的不同,可分为壁挂式、台式和柜式三种类型,如图 3-5 所示。

(1)壁挂式火灾报警控制器:采用壁挂式机箱结构,适合安装在墙体上,占用空间比较小,但容量也比较小,功能比较简单,一般区域火灾报警控制器常采用这种结构。

(2)台式火灾报警控制器:采用琴台式机箱结构,容量比较大,内部电路结构大多设计成插板组合式,功能比较复杂,操作使用方便,但占用空间也比较大,一般常见于集中火灾报警控制器。

(3)柜式火灾报警控制器:采用立柜式机箱结构,容量比较大,内部电路结构与台式火灾报警控制器基本相同,设计成插板组合式,易于功能扩展,操作使用方便,占用

(a) 壁挂式   (b) 台式   (c) 柜式

图 3-5 火灾报警控制器

空间较台式火灾报警控制器小,一般常见于集中火灾报警控制器和通用火灾报警控制器。

5. 按照使用环境的不同分类

(1)陆用型火灾报警控制器:最通用的火灾报警控制器,其工作环境的温度范围为$-10\sim50℃$,湿度不大于92%(40℃),风速小于5m/s。

(2)船用型火灾报警控制器:其工作环境的温度、湿度等要求均高于陆用型火灾报警控制器。

6. 按照防爆性能的不同分类

(1)非防爆型火灾报警控制器:无防爆要求,目前民用建筑中使用的绝大部分火灾报警控制器均属于这一类。

(2)防爆型火灾报警控制器:具有防爆性能、用于有防爆要求的石油和化工等场所的工业型火灾报警控制器。

三、实践应用

(一)端接 RVS 双绞线

1. 专项知识

(1)RVS 双绞线

RVS 双绞线,全称为"铜芯聚氯乙烯绝缘绞型连接用软电线",现阶段此种线材多用于消防系统,因此也称"消防线",其外形如图 3-6 所示。

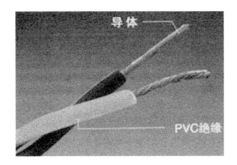

图 3-6　RVS 双绞线

RVS 双绞线根据使用场合的不同有多种不同的规格,具体如表 3-1 所示。

表 3-1　RVS 双绞线规格说明表

标称截面	线芯结构根数/直径	参考重量(kg/km)	20℃时导体电阻(Ω/km)
2×0.3	16/0.15	—	—
2×0.5	28/0.15	23.5	40.1
2×0.75	24/0.20	30.2	26.7
2×1.0	32/0.20	37	19.5
2×1.5	42/0.20	49	13.3
2×2.5	78/0.20	71	7.89
2×4.0	56/0.30	111	4.95

（2）预绝缘端子

预绝缘端子，又名"冷压端子"，是用于实现电气连接的一种配件产品，工业上划为连接器的范畴。随着工业自动化程度越来越高和工业控制要求越来越严格精确，在消防工程中，要求使用预绝缘端子实现设备接线柱与 RVS 双绞线之间的电气连接。目前，常用的预绝缘端子有管型和叉型两种，如图 3-7 所示。

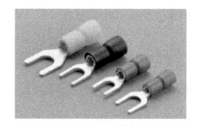

(a) 管型   (b) 叉型

图 3-7　预绝缘端子

（3）剥线钳

剥线钳是电工专门用来剥除电线表面绝缘层的常用工具，其外形如图 3-8 所示。

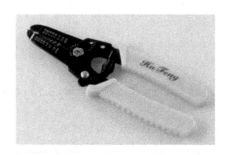

图 3-8　剥线钳

（4）预绝缘端子棘轮压着钳

预绝缘端子棘轮压着钳，又称"冷压钳"，是用来完成预绝缘端子与 RVS 双绞线连接的专用工具，其外形如图 3-9 所示。

图 3-9　预绝缘端子棘轮压着钳

（5）号码套管

号码套管主要用于标识接线端子，常见的有印制号码套管和手写号码套管，其外形如图 3-10 所示。

(a) 印制号码套管

(b) 手写号码套管

图 3-10　号码套管

2. 实践要求

（1）在一段任意长度 RVS 双绞线（标称截面为 2×1.0）的两端套入手写号码套管。

（2）任选一端用叉型预绝缘端子端接。

（3）另一端用管型预绝缘端子端接。

3．操作步骤

（1）使用剥线钳截取一段任意长度的 RVS 双绞线（标称截面为 2×1.0），如图 3-11 所示。

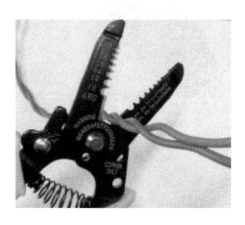

图 3-11　截取 RVS 双绞线

（2）将 RVS 双绞线反向扭绞，使 2 根导线分开约 5～6cm，将手写号码套管分别套入 RVS 双绞线的两端，如图 3-12 所示。

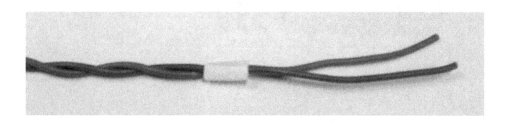

图 3-12　套入手写号码套管

（3）将 RVS 双绞线置于剥线钳"1.0mm"档，剥去绝缘层 1～1.5cm，如图 3-13 所示。

（4）将叉型预绝缘端子水平置于预绝缘端子棘轮压着钳的第一个压线口中并稍稍下压夹住该端子，如图 3-14 所示。

图 3-13　RVS 双绞线剥线过程

图 3-14　固定叉型预绝缘端子　　　　　图 3-15　对折铜丝

（5）将其中一端的两根导线裸露出的铜丝分别拧成一股之后对折，如图 3-15 所示。

（6）将 RVS 双绞线穿入叉型预绝缘端子，如图 3-16 所示。

（7）握住预绝缘端子棘轮压着钳用力并完全下压保持 1～2s 的时间，以使叉型预绝缘端子完全形变。

（8）松开预绝缘端子棘轮压着钳，将叉型预绝缘端子翻转 180°，再用预绝缘端子棘轮压着钳在同一位置压制一遍即可。

（9）将 RVS 双绞线另一端两根导线裸露出的铜丝分别拧成一股穿入管型预绝缘端子，如图 3-17 所示。

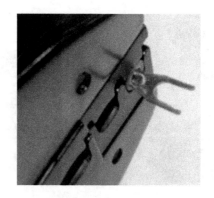

图 3-16　RVS 双绞线穿入叉型预绝缘端子

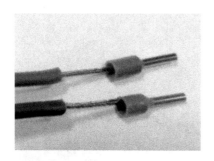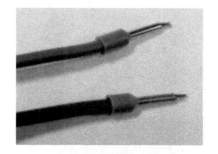

图 3-17　RVS 双绞线穿入管型预绝缘端子

(10)将管型预绝缘端子的金属部分置于预绝缘端子棘轮压着钳的第一个压线口中,如图 3-18 所示,用力下压保持 1～2s 的时间,以使管型预绝缘端子完全形变。

图 3-18　端接管型预绝缘端子过程

(11)将管型预绝缘端子翻转 90°,再用预绝缘端子棘轮压着钳压制一遍。

(二)敷设火灾报警总线

1. 专项知识

JB-QG-15-AHG9600 型火灾报警控制器属于总线型火灾报警控制器,最多可连接 15 组火灾报警总线。与其连接的每组火灾报警总线包含 2 根导线:"十线"和"一线",其首、末两端分别称为"H 端"和"T 端",如图 3-19 所示。

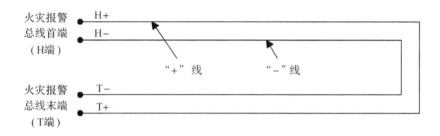

图 3-19　火灾报警总线结构

当编码型火灾探测器或编码型手动火灾报警按钮(以下统称为"现场智能单元")需要接入火灾报警总线时,应先将火灾报警总线在需要接入处断开。在断开处,靠近火灾报警总线首端的接线端称为"A 端",而靠近火灾报警总线末端的接线端则称为"B 端",如图 3-20 所示。

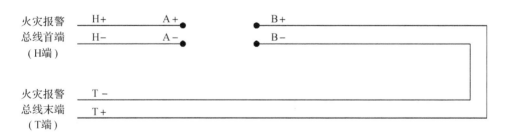

图 3-20　火灾报警总线断开状态(1)

将 A 端(A＋、A－)和 B 端(B＋、B－)固定在现场智能单元对应接线柱上,即可将现场智能单元接入火灾报警总线,如图 3-21 所示。

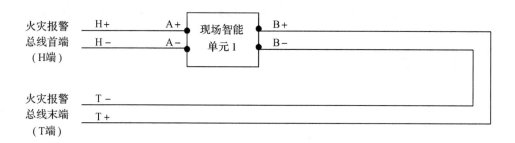

图 3-21　现场智能单元接入火灾报警总线(1)

当需要继续接入现场智能单元时,仍将火灾报警总线在需要接入处断开。其中,在断开处,靠近火灾报警总线首端的接线端仍称为"A端",而靠近火灾报警总线末端的接线端仍称为"B端",如图 3-22 所示。

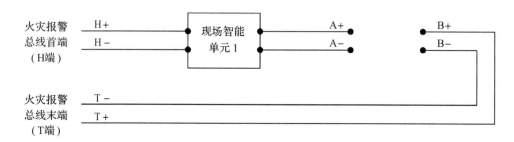

图 3-22　火灾报警总线断开状态(2)

将 A 端(A+、A—)和 B 端(B+、B—)固定在现场智能单元对应接线柱上,即可将现场智能单元接入火灾报警总线,如图 3-23 所示。

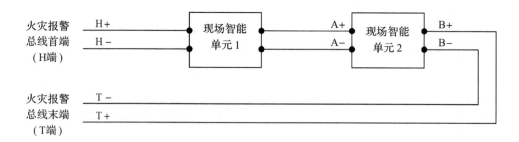

图 3-23　现场智能单元接入火灾报警总线(2)

依此类推,最多可以将 127 个现场智能单元接入同一组火灾报警总线,如图 3-24 所示。

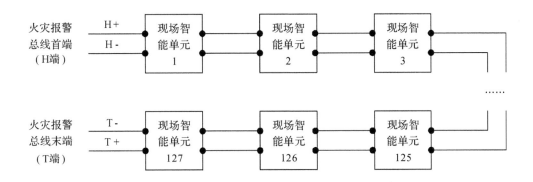

图 3-24　现场智能单元接入火灾报警总线(3)

2．实践要求

(1)截取一根长度约为 650cm 的红蓝色 RVS 双绞线(规格:2×1.0)作为"火灾报警总线",将其依次穿过实验板 1～12 号接线盒,每个接线盒内预留 30～35cmRVS 双绞线。

(2)将火灾报警总线首端(H＋、H－)和末端(T＋、T－)分别固定在实验板端子排 E 的 1、2、11、12 号接线柱上(注意:火灾报警总线的首、末端应分别套入标有"FABUS(H)""FABUS(T)"字样的号码套管)。

(3)将实验板 1、2、4、7、8、10 号接线盒中预留的 RVS 双绞线对折后剪开,在断开处,根据实际情况,分别套入标有"FABUS(XA)""FABUS(XB)"字样的号码套管(说明:X 为对应接线盒的号码)。

3．操作步骤

(1)截取一根长度约为 650cm 的红蓝色 RVS 双绞线作为"火灾报警总线",规定红色线为"＋线"、蓝色线为"－线"。

(2)任选火灾报警总线的一端作为首端,套入标有"FABUS(H)"字样的号码套管,然后用叉型冷压端子端接。

(3)将火灾报警总线接线端子 FABUS(H)＋、FABUS(H)－分别固定在实验板端子排 E 的 1、2 号接线柱(以下简称 E_1、E_2)上。

（4）将火灾报警总线按顺序依次穿过实验板 1～12 号接线盒，每个接线盒内预留 30～35cmRVS 双绞线。

（5）将火灾报警总线的另一端作为末端，套入标有"FABUS(T)"字样的号码套管，然后用叉型冷压端子端接。

（6）将火灾报警总线接线端子 FABUS(T)＋、FABUS(T)－分别固定在实验板端子排 E 的 11、12 号接线柱（以下简称 E_{11}、E_{12}）上。

（7）将 1、2、4、7、8、10 号接线盒内预留的 RVS 双绞线对折后剪断，在断开处，靠近火灾报警总线首端的接线端套入标有"FABUS(XA)"字样的号码套管，而靠近火灾报警总线末端的接线端套入标有"FABUS(XB)"字样的号码套管。

（三）安装编码型火灾探测器

1. 专项知识

JTY-GD-AHG992001 型感烟火灾探测器、JTW-A2-AHG992004 型感温火灾探测器和 JTF-YW-AHG992005 型烟温复合火灾探测器均为编码型火灾探测器，如图 3-25 所示。

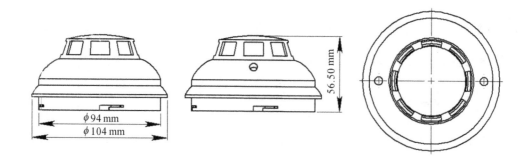

图 3-25　AHG 系列编码型火灾探测器

上述编码型火灾探测器须与 AHG2025 标准探测器底座配套使用，如图 3-26 所示。

AHG2025 标准探测器底座包含 3 个接线柱，其功能说明如表 3-2 所示。

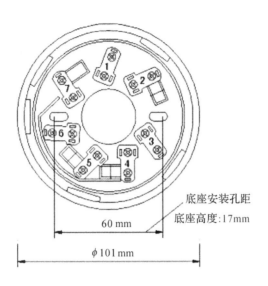

底座安装孔距

底座高度:17mm

60 mm

φ101 mm

图 3-26　AHG2025 型标准探测器底座

表 3-2　AHG2025 型标准探测器底座接线柱功能说明

接线柱	功能说明
2	接火灾报警总线 A＋端和 B＋端
4	接火灾报警总线 A－端
7	接火灾报警总线 B－端

2. 实践要求

(1)在实验板 1、7 号接线盒处分别接入 1 个编码型感烟火灾探测器。

(2)在实验板 2、8 号接线盒处分别接入 1 个编码型感温火灾探测器。

3. 操作步骤

(1)将 1、2、7、8 号接线盒内的 RVS 双绞线用叉型冷压端子端接。

(2)将火灾报警总线接线端子 FABUS(XA)－从火灾探测器底座的穿线孔中穿过,固定在火灾探测器底座 4 号接线柱上。

(3)将火灾报警总线接线端子 FABUS(XB)－从火灾探测器底座的穿线孔中穿过,固定在火灾探测器底座 7 号接线柱上。

(4)将火灾报警总线接线端子 FABUS(XA)＋、FABUS(XB)＋从火灾探测器底座的穿线孔中穿过,一同固定在火灾探测器底座 2 号接线柱上。

(5)将火灾探测器底座固定在 X 号接线盒上,并将火灾探测器的探头固定在底座上。

(四)安装编码型手动火灾报警按钮

1. 专项知识

J-SAP-M-AHG992010 型手动火灾报警按钮属编码型手动火灾报警按钮,如图 3-27 所示。

图 3-27　编码型手动火灾报警按钮

将该手动火灾报警按钮拆开,可分成上盖和底座两个部分,如图 3-28 所示。

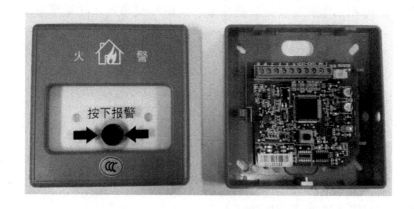

图 3-28　编码型手动火灾报警按钮上盖与底座

底座部分的电路板上有 3 个接线柱,其功能说明见表 3-3。

表 3-3　AHG 系列编码型手动火灾报警按钮接线柱功能说明

接线柱	功能说明
2	接火灾报警总线 A＋端和 B＋端
3	接火灾报警总线 A－端
6	接火灾报警总线 B－端

2．实践要求

在实验板 4、10 号接线盒处分别接入 1 个编码型手动火灾报警按钮。

3．操作步骤

(1)将 4、10 号接线盒内的 RVS 双绞线用管型冷压端子端接。

(2)卸下底座上的电路板。

(3)将火灾报警总线的 4 个接线端子穿过底座的进线孔。

(4)将底座固定在接线盒上(注意:底座进线孔与接线盒带缺口处应在同一侧)。

(5)将火灾报警总线接线端子 FABUS(XA)＋、FABUS(XA)－分别固定在电路板的 2、3 号接线柱上。

(6)将火灾报警总线接线端子 FABUS(XB)＋、FABUS(XB)－分别固定在电路板的 2、6 号接线柱上。

(7)将电路板重新嵌入底座,并将上盖固定在底座上。

(五)火灾报警总线接入火灾报警控制器

1．专项知识

(1)回路卡

回路卡,亦称"环路卡",火灾报警控制器通过该卡对火灾报警总线上各现场智能单元(如编码型火灾探测器、编码型手动火灾报警按钮等)进行监视及控制,同时处理火灾报警控制器与各现场智能单元之间的通信数据,其外形如图 3-29 所示。

图 3-29　回路卡外形

(2)火灾报警控制器标准插座

在火灾报警控制器的主板、扩展板 1 和扩展板 2 上各有 5 个标准插座,如图 3-30 所示。其中,位于主板上的 5 个标准插座从左至右依次为 1～5 号插座;位于扩展板 1 上的 5 个标准插座从左至右依次为 6～10 号插座;位于扩展板 2 上的 5 个标准插座从左至右依次为 11～15 号插座。每个标准插座均有 4 个接线柱 TX1、TX3、TX5 和 TX7(说明:主板上 1～5 号标准插座的 X 分别对应 A、B、C、D、E),其外形如图 3-31 所示。

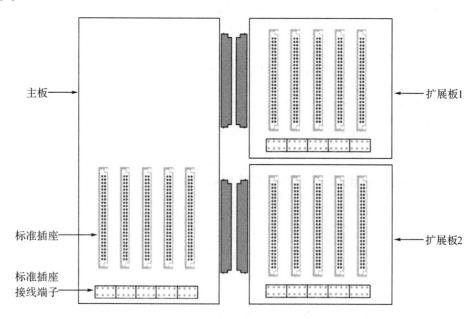

图 3-30　标准插座

图 3-31　标准插座接线柱

当回路卡插入标准插座时,该标准插座对应接线柱的功能如表 3-4 所示。

表 3-4　标准插座接线柱功能说明表

接线柱	功能说明
TX1	接火灾报警总线首端 H＋
TX3	接火灾报警总线首端 H－
TX5	接火灾报警总线末端 T＋
TX7	接火灾报警总线末端 T－

需要特别说明的是:JB-QG-15-AHG9600 型火灾报警控制器最多能够连接 15 组火灾报警总线,因此需要对连接在不同标准插座上的火灾报警总线进行编号以示区别,连接在 X 号标准插座上的火灾报警总线即称为"X 号火灾报警总线"。

2. 实践要求

将实验板上的火灾报警总线接入火灾报警控制器 2 号标准插座。

3. 操作步骤

(1)将一块回路卡插入火灾报警控制器 2 号标准插座。

(2)将实验板上火灾报警总线首端接线端子 FABUS(H)＋、FABUS(H)－固定在 2 号标准插座的接线柱 TB1、TB3 上,末端接线端子 FABUS(T)＋、FABUS(T)－固定在标准插座接线柱 TB5、TB7 上。

(3)测试火灾报警总线接线端子 FABUS(H)＋与 FABUS(T)＋之间是否导通,

如是则继续下一步,否则说明火灾报警总线的"＋线"存在断路故障,应查找原因并排除。

(4)测试火灾报警总线接线端子 FABUS(H)－与 FABUS(T)－之间是否导通,如是则继续下一步,否则说明火灾报警总线的"－线"存在断路故障,应查找原因并排除。

(5)测试火灾报警总线接线端子 FABUS(H)＋与 FABUS(H)－,或者 FABUS(T)＋与 FABUS(T)－之间是否导通,如是则说明火灾报警总线的"＋线"与"－线"之间存在短路故障,应查找原因并排除。

(六)启动/关闭火灾报警控制器

1. 专项知识

火灾报警控制器的工作电源包括主电电源和备电电源两部分。正常情况下,火灾报警控制器由主电电源供电;当主电电源发生故障时,火灾报警控制器能够自动切换至由备电电源供电,且备电电源能在主电电源断开后保证设备至少工作 8 小时;而当主电电源恢复正常后,火灾报警控制器能够自动切换回由主电电源供电并向备电电源充电。

JB-QG-15-AHG9600 型火灾报警控制器以 AC220V/50Hz 消防电源作为主电电源,DC30V 密封铅电池作为备电电源。实训台开关面板上设有"火灾报警控制器/主电""火灾报警控制器/备电"开关,用于控制主电电源、备电电源的通断,如图 3-32 所

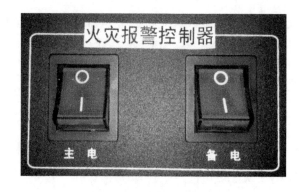

图 3-32 火灾报警控制器主电/备电电源开关

示。火灾报警控制器的启动/关闭应按照规定的顺序接通/断开主电电源和备电电源。

2．实践要求

进行 JB-QG-15-AHG9600 型火灾报警控制器的启动和关闭操作。

3．操作步骤

(1)打开"火灾报警控制器/主电"开关。

(2)观察火灾报警控制器显示屏左上角,出现"Start MS-DOS..."字样时,打开"火灾报警控制器/备电"开关。

(3)按住火灾报警控制器打印机上的"SEL"键直至左侧指示灯熄灭后松开,打印机的自动打印功能关闭,如图 3-33 所示。

图 3-33　火灾报警控制器打印机

(4)观察火灾报警控制器显示屏,当显示屏显示"监控运行"界面时,说明启动完成,如图 3-34 所示。

(5)当需要关闭火灾报警控制器时,依次关闭"火灾报警控制器/备电""火灾报警控制器/主电"开关即可。

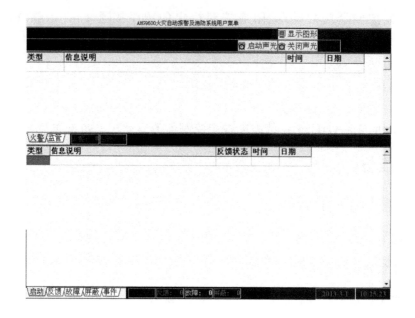

图 3-34 "监控运行"界面

(七)校准触摸屏

1. 专项知识

JB-QG-15-AHG9600 火灾报警控制器采用 10.4 英寸 TFT 大屏幕真彩显示屏显示,触控操作方式。在正式使用前,应对其进行校准;而在使用过程中如果出现触摸屏触控偏移现象,亦应对其进行校准。

2. 实践要求

校准 JB-QG-15-AHG9600 型火灾报警控制器的触摸屏。

3. 操作步骤

(1)按住火灾报警控制器的"显示"键直至显示屏显示校准界面后松开,如图 3-35 所示。

图 3-35　触摸屏"校准界面"

（2）点击显示屏左上角的白色十字光标。

（3）点击显示屏右下角的白色十字光标。

（4）当显示屏弹出显示"FINISH"对话框时（见图 3-36），点击"OK"按钮。

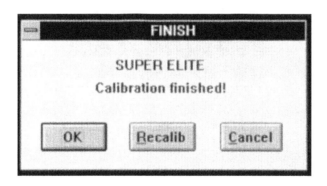

图 3-36　"FINISH"对话框

（八）自检

1．专项知识

火灾报警控制器应能够检查本机的报警功能是否正常,检查内容包括:前面板上所有指示灯(器)、显示器、扬声器的功能是否正常,这被称为"自检"。

2．实践要求

对火灾报警控制器进行自检。

3．操作步骤

(1)点击显示屏顶端"AHG9600 火灾自动报警与消防系统用户菜单"字样处,显示屏即弹出"系统密码"对话框,如图 3-37 所示。

图 3-37 "系统密码"对话框界面

(2)通过火灾报警控制器上的数字键盘,在"系统密码"对话框中输入系统服务密码。

(3)点击"确认"按钮,即可调出"AHG9600 火灾自动报警与消防系统用户菜单"(以下简称"用户菜单"),如图 3-38 所示。

图 3-38　"用户菜单"界面

（4）点击"用户菜单"的"系统自检"项。

（5）观察火灾报警控制器上所有指示灯是否能够点亮。

（6）观察火灾报警控制器的扬声器是否先后发出故障报警声和火灾报警声。

（7）观察"系统运行/故障"指示灯，如为绿色闪烁则说明火灾报警控制器已进入正常运行状态（黄色常亮则说明存在故障）。

（8）观察"备电运行/故障"指示灯，如为绿色常亮则说明火灾报警控制器备电电源正常工作（黄色常亮则说明存在故障）。

（9）观察"主电运行/故障"指示灯，如为绿色常亮则说明火灾报警控制器主电电源正常工作（黄色常亮则说明存在故障）。

（10）点击"用户菜单"的"隐藏菜单"项。

(九)设定日期与时间

1. 专项知识

火灾报警控制器内置时钟,用于显示、记录各类事件发生的日期与时间。

2. 实践要求

将火灾报警控制器的系统日期与时间设定为当前日期与时间。

3. 操作步骤

(1)调出"用户菜单"。

(2)点击"用户菜单"上的"时间设定"项,显示屏即弹出"日期\时间设定"对话框,如图 3-39 所示。

图 3-39 "日期\时间设定"对话框界面

(3)在"日期\时间设定"对话框中将系统时间和日期设定为当前时间和日期(说明:可以通过按下控制器前面板上的"切换"键在各输入框之间切换)。

（4）点击"确定[1]"按钮保存设定。

（5）点击"用户菜单"的"隐藏菜单"项。

（十）安装回路卡

1．专项知识

安装回路卡是指当火灾报警控制器的标准插座插入回路卡后，应通过其系统软件对标准插座的插卡类型进行配置，以保证回路卡正常工作。

2．实践要求

将火灾报警控制器 2 号标准插座的插卡类型设置为"环路卡"。

3．操作步骤

（1）当火灾报警控制器显示屏显示"监控运行"界面时，单击"AHG9600 火灾自动报警及消防系统用户菜单"字样处。

（2）当显示屏弹出"系统密码"对话框时，输入系统设置密码，单击"确认"按钮。

（3）当显示屏弹出"用户菜单"时（见图 3-40），单击"编程设置"项。

图 3-40　"用户菜单"界面

（4）显示屏显示"9600 系统设置"界面，如图 3-41 所示。

（5）单击下拉菜单"系统设置"栏中的"系统设置（3）"项，如图 3-42 所示。

（6）当显示屏弹出"系统设置"对话框时，即可选择需要设定的标准插座编号，如

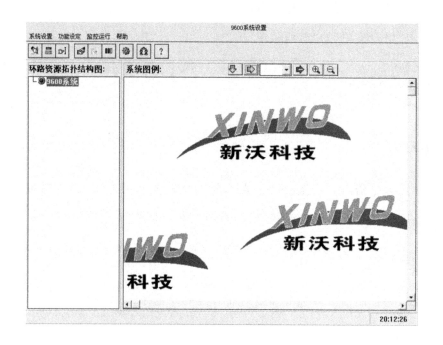

图 3-41 "9600 系统设置"界面

图 3-42 "系统设置下拉菜单"界面

图 3-43 所示。

（7）点击"2 号标准插座"图标，并在"插卡类型"下拉框中选择"环路卡"项，如图 3-44 所示。

（8）单击"退出[3]"按钮即可保存设置。

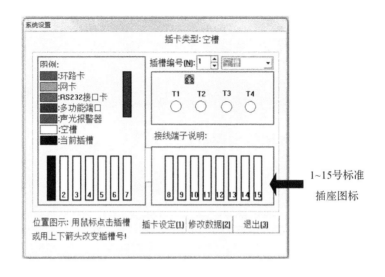

图 3-43　"系统设置"对话框界面

图 3-44　"设置回路卡"界面

(十一)拓扑识别

1．专项知识

拓扑识别是指火灾报警控制器逐个识别所有接入火灾报警总线的现场智能单元,读取并存储其相关信息(包括设备类型、序列号等)并自动分配地址码。其中,序列号是一组数字序列,是现场智能单元身份的唯一标识。

2．实践要求

完成火灾报警控制器 2 号火灾报警总线的拓扑识别。

3．操作步骤

(1)进入"系统设置"界面,选择 2 号标准插座。

（2）确认插卡类型是否为"环路卡"（如果不是，则应首先将2号标准插座的插卡类型设置为"环路卡"，保存设置后继续操作），如图3-45所示。

图 3-45 "设置回路卡"界面

（3）单击"插卡设定［1］"按钮，显示屏显示"环路设定"界面，如图3-46所示。

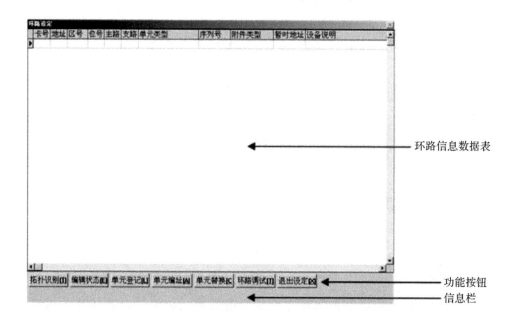

图 3-46 "环路设定"界面

（4）单击"拓扑识别［T］"按钮，等待火灾报警控制器逐一识别2号火灾报警总线上的所有现场智能单元。

（5）当显示屏弹出"是否自动编址？"对话框时（见图3-47），单击"OK"按钮。

（6）当"环路设定"界面左下角出现提示信息"拓扑识别结束"时，单击"退出设定［X］"按钮。

（8）当显示屏弹出"是否保存当前对数据的修改？"对话框时，单击"Yes"按钮。

图 3-47　"是否自动编址?"对话框界面

(十二)单元配置

1. 专项知识

单元配置是指对已完成拓扑识别的火灾报警总线上的现场智能单元进行配置,配置内容包括以下 3 个方面:

(1)配置"区号",可设定的范围是 1～999。区号是指每个现场智能单元所在防火分区的区号,属于同一防火分区的现场智能单元的"区号"应相同,而属于不同防火分区的现场智能单元的"区号"不得相同。

(2)配置"点号",可设定的范围是 1～99。点号是指每个现场智能单元在每个防火分区当中的点位号,属于同一防火分区的现场智能单元的"点号"不得重复。

(3)配置"设备说明",用于说明现场智能单元的物理位置信息。

2. 实践要求

根据表 3-5 的要求,完成火灾报警控制器 2 号总线所有现场智能单元的配置。

表 3-5　单元配置要求说明

地址码	单元类型	区号	点号	设备说明
1	光电感烟火灾探测器	1	1	101
2	定温火灾探测器	1	2	101
3	手动火灾报警按钮	1	3	101
4	光电感烟火灾探测器	2	1	102
5	定温火灾探测器	2	2	102
6	手动火灾报警按钮	2	3	102

3．操作步骤

(1)进入"9600 系统设置"界面。

(2)点击左侧"环路资源拓扑结构图"中的"环路卡 2"字样处,如图 3-48 所示。

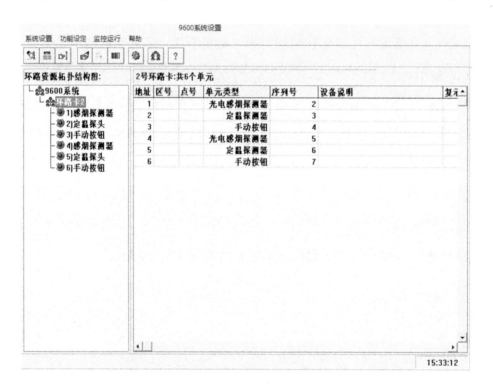

图 3-48　"环路资源拓扑结构图"界面

(3)在显示屏右侧表格中根据表 3-5 的要求输入区号、点号和设备说明。

(4)点击显示屏底部的"保存[1]"按钮。

（5）当显示屏弹出"是否保存当前数据？"对话框时，单击"Yes"按钮。

（十三）单元添加

1. 专项知识

对于已完成单元配置的火灾报警总线，通过单元添加操作可以读取、存储所有新接入火灾报警总线的现场智能单元的相关信息（包括设备类型、序列号等），并手动分配地址码。

2. 实践要求

在实验板的火灾报警总线上接入 2 个编码型烟温复合火灾探测器，分别安装在实验板 5、6 号接线盒上，完成单元添加操作（注意：为安装在 5 号接线盒上的编码型烟温复合探测器分配地址码为 8，为安装在 6 号接线盒上的编码型烟温复合探测器分配地址码为 7）。

3. 操作步骤

（1）关闭火灾报警控制器。

（2）在实验板 5、6 号接线盒上分别安装一个编码型烟温复合火灾探测器。

（3）检查火灾报警总线是否存在短路或断路故障，如存在应查找原因并排除故障。

（4）启动火灾报警控制器。

（5）进入"系统设置"界面，选择 2 号标准插座。

（6）单击"插卡设定［1］"按钮，进入"环路设定"界面。

（7）单击"单元登记［L］"按钮，环路信息数据表将显示连接在该环路卡上所有现场智能单元的相关信息（包括单元类型、序列号等）。

（8）当"环路设定"界面底部出现提示信息"系统识别到以上单元，如能确认可输入地址，按'单元编址'完成编址"字样时，单击"编辑状态［E］"按钮，环路信息数据表进入编辑状态。

(9)根据实验板5号接线盒上烟温复合火灾探测器的序列号尾号,在"环路数据信息表"内定位该火灾探测器所对应的信息行,并在该行的地址栏内输"8"。

(10)根据实验板6号接线盒上烟温复合火灾探测器的序列号尾号,在"环路数据信息表"内定位该火灾探测器所对应的信息行,并在该行的地址栏内输"7"。

(11)单击"编辑状态[E]",环路信息数据表退出编辑状态。

(12)单击"单元编址[A]"按钮。

(13)当"环路设定"界面底部出现提示信息"自动编址结束"时,单击"退出设定[X]"按钮。

(14)当系统弹出提示信息"是否保存当前对数据的修改?"时,单击"Yes"按钮。

(十四)单元替换

1. 专项知识

单元替换是指在已完成拓扑识别的火灾报警总线中将某一现场智能单元用另一同类型现场智能单元替换,通过火灾报警控制器读取并存储其序列号。需要注意的是,单元替换操作一次仅限替换一个现场智能单元。

2. 实践要求

将实验板5号接线盒上的烟温复合火灾探测器用另一个烟温复合火灾探测器替换。

3. 操作步骤

(1)将位于实验板5号接线盒上的烟温复合火灾探测器探头拆下。

(2)将另一个烟温复合火灾探测器的探头安装在探测器底座上。

(3)进入"系统设置"界面。

(4)选择2号标准插座。

（5）单击"插卡设定［1］"按钮，进入"环路设定"界面。

（6）单击"单元替换［C］"按钮，环路信息数据表将显示连接在该环路卡上所有现场智能单元的相关信息（包括单元类型、序列号等）。

（7）当"环路设定"界面底部出现提示信息"序列号为：XXX 的单元被序列号为：YYY 的单元替换，请确认"时，单击"退出设定［X］"。

（8）当系统弹出提示信息"是否保存当前对数据的修改？"时，单击"Yes"按钮。

（十五）查看报警信息

1．专项知识

（1）火灾声光报警

当火灾报警控制器接收到火灾探测器、手动火灾报警按钮或其他设备发出的火灾报警信号时，火灾报警控制器应能迅速、准确地处理与判断，在 10s 内发出火灾声光报警信号（扬声器发出 119 消防车的警笛声、"火警"指示灯红色闪烁），同时显示屏指示具体火灾报警部位和报警时间，此时火灾报警控制器处于"火灾报警状态"。

（2）火灾报警记忆

当火灾报警控制器接收到火灾报警信号时，应能够保持并记忆，不可随火灾报警信号源的消失而消失，同时还应能接收、处理其他火灾报警信号。

（3）故障声光报警

当火灾报警控制器自身及与其连接的系统部件发生故障时，火灾报警控制器应在 100s 内发出与火灾声光报警信号有明显区别的故障声光报警信号（扬声器发出120 救护车的警笛声，"故障"指示灯黄色闪烁），同时显示器指示具体故障报警部位和报警时间，此时火灾报警控制器处于"故障报警状态"。

（4）声报警消声及再声响

火灾报警控制器发出声光报警信号后，可通过其前面板上的"消音"键手动消音，火灾报警控制器即停止发出声报警信号，而光报警信号继续保持，此时火灾报警控制器处于"消音状态";而如果在停止声报警信号后又出现其他火灾/故障报警信号,火灾报警控制器应能继续进行声光报警,火灾报警控制器再次进入"火灾/故障报警状态"。

(5)火灾报警优先

火灾报警控制器在故障报警时,如果接收到火灾报警信号,应能够自动切换到火灾报警状态;若故障信号依然存在,只有在火情被排除、人工进行火灾信号复位后,火灾报警控制器才能够转换到故障报警状态。

2．实践要求

模拟火灾、故障现象,查看报警信息。

3．操作步骤

(1)触发1号接线盒上的感烟火灾探测器报警。

(2)观察火灾报警控制器是否发出火灾报警声,如是则按下"消音"键。

(3)通过火灾报警控制器显示屏查看"火警"信息,如图3-49所示。

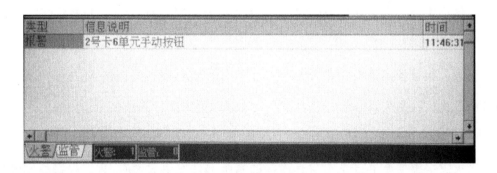

图3-49 "火警信息表"界面

(4)触发2号接线盒上的感温火灾探测器报警。

(5)观察火灾报警控制器是否发出火灾报警声,如是则按下"消音"键。

(6)通过火灾报警控制器显示屏查看"火警"信息。

(7)触发4号接线盒上的手动火灾报警按钮报警。

(8)观察火灾报警控制器是否发出火灾报警声,如是则按下"消音"键。

（9）通过火灾报警控制器显示屏查看"火警"信息。

（10）取下 5 号接线盒上的烟温复合火灾探测器的探头（制造故障）。

（11）观察火灾报警控制器是否发出故障报警声，如是则按下"消音"键。

（12）点击显示屏底部"故障"字样处，查看故障信息，如图 3-50 所示。

图 3-50　"故障信息表"界面

（13）取下 6 号接线盒上的烟温复合火灾探测器的探头（制造故障）。

（14）观察火灾报警控制器是否发出故障报警声。

（15）点击显示屏底部"故障"字样处，查看故障信息。

（16）触发 10 号接线盒上的手动火灾报警按钮报警。

（17）观察火灾报警控制器是否发出火灾报警声，如是则按下"消音"键。

（18）通过火灾报警控制器显示屏查看"火警"信息。

（十六）复位

1. 专项知识

　　火灾报警控制器开机后，无火灾报警、故障报警、消音、自检、屏蔽、监管报警等发生时所处的状态被称为"正常监视状态"。火灾报警控制器大多数时间处于这种状态。

　　复位是指将火灾报警控制器及与其连接的系统部件（火灾探测器、手动火灾报警按钮等）的工作状态恢复至正常监视状态。火灾报警控制器上设有"复位"键，当火灾报警和/或故障报警处理完毕之后，按下"复位"键，即可完成复位。

需要注意的是,复位后仍然存在的状态及相关信息将会被保持或者在 20s 内重新建立。

2. 实践要求

在多种情况下进行复位操作。

3. 操作步骤

(1)按住"复位"键直至显示屏弹出"系统密码"对话框后松开。

(2)输入用户密码后,点击"系统密码"对话框上的"确认"按钮。

(3)查看火灾报警控制器的火灾报警信息和故障报警信息。

(4)复位所有被触发的手动火灾报警按钮。

(5)重复步骤(1)(2)(3)。

(6)排除所有故障。

(7)重复步骤(1)(2)(3)。

(十七)查询历史记录

1. 专项知识

火灾报警控制器能够记录火灾报警、故障报警的详细信息和报警时间并提供查询。

2. 实践要求

分别查询当日的火灾报警、故障报警历史记录。

3. 操作步骤

(1)调出"用户菜单"。

(2)点击"用户菜单"的"历史查询"项,系统即弹出"历史查询"对话框,如图 3-51 所示。

类型	信息说明	时间	日期
报警	2号卡42手动按钮	17:03:27	1906-9-22
报警	2号卡21手动按钮	17:04:27	1906-9-22
报警	2号卡42手动按钮	17:04:43	1906-9-22
报警	2号卡4光烟探头	8:43:03	1906-9-25
报警	2号卡4光烟探头	8:43:22	1906-9-25
报警	2号卡42手动按钮	8:50:53	1906-9-25
报警	2号卡21手动按钮	8:56:41	1906-9-25
报警	2号卡42手动按钮	9:19:35	1906-9-25
报警	2号卡42手动按钮	9:44:00	1906-9-25
报警	2号卡21手动按钮	9:44:55	1906-9-25
报警	2号卡1输入1-	12:51:41	1906-9-25
报警	2号卡42手动按钮郝银娟	12:59:24	1906-9-25
报警	2号卡1输入1-郝银娟1	13:00:58	1906-9-25
报警	2号卡1输入2-郝银娟2	13:01:19	1906-9-25
报警	2号卡42手动按钮郝银娟	13:12:36	1906-9-25

图 3-51　"历史查询"对话框界面

(3)在"查询类别"栏中勾选"火警"复选框并取消"故障"和"控制"复选框。

(4)在"××年/××月/××日"字样下的输入框中输入当前日期。

(6)点击"开始查询"按钮,当天的火警信息即在"历史查询"对话框的表格中列出。

(7)在"查询类别"栏中勾选"故障"复选框并取消"火警"复选框。

(8)点击"开始查询"按钮,当天的故障信息即在"历史查询"对话框的表格中列出。

(9)点击"退出查询"按钮。

(10)点击"用户菜单"的"隐藏菜单"项。

(十八)屏蔽

1. 专项知识

火灾报警控制器具有屏蔽系统部件的功能。当系统部件被屏蔽后,该部件处于被屏蔽状态,火灾报警控制器不再显示其火灾报警信息或故障报警信息。屏蔽操作常用于系统部件出现故障而又无法立即修复的情况。

2. 实践要求

屏蔽 2 号火灾报警总线上地址码为 3 和地址码为 7 的现场智能单元。

3. 操作步骤

(1)调出"用户菜单"。

(2)点击"用户菜单"中"部件屏蔽"项,显示屏即弹出"部件屏蔽"对话框,如图 3-52 所示。

(3)在"部件屏蔽"对话框"号卡:"字样前的输入框中输入"2"。

(4)在"部件屏蔽"对话框"号单元:"字样前的输入框中输入"3"。

(5)点击"部件屏蔽"对话框中"添加"按钮。

(6)在"部件屏蔽"对话框"号卡:"字样前的输入框中输入"2"。

(7)在"部件屏蔽"对话框"号单元:"字样前的输入框中输入"7"。

(8)点击"部件屏蔽"对话框中"添加"按钮。

(9)点击"部件屏蔽"对话框中"退出"按钮。

(10)点击"用户菜单"中"隐藏菜单"项。

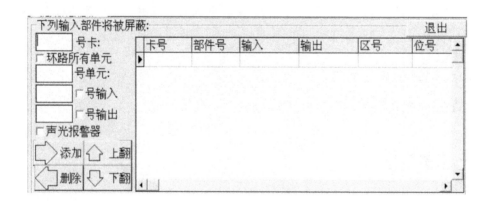

图 3-52 "部件屏蔽"对话框界面

(十九)查看屏蔽信息

1.专项知识

火灾报警控制器设有专用屏蔽总指示灯,只要有系统部件被屏蔽,该指示灯就保持黄色常亮状态;同时,火灾报警控制器显示屏能够显示具体的屏蔽信息。

2.实践要求

判断是否有系统部件被屏蔽并查看具体的屏蔽信息。

3.操作步骤

(1)观察火灾报警控制器的屏蔽指示灯,如黄色常亮则说明有系统部件被屏蔽,如熄灭则说明没有系统部件被屏蔽。

(2)点击显示屏底端"屏蔽"字样处,查看"屏蔽信息表",如图 3-53 所示。

图 3-53　"屏蔽信息表"界面

（二十）取消屏蔽

1．专项知识

火灾报警控制器具有取消屏蔽功能，能够取消被屏蔽系统部件的屏蔽状态。

2．实践要求

按顺序依次取消火灾报警控制器 2 号火灾报警总线地址码为 7 和地址码为 3 的现场智能单元的屏蔽状态。

3．操作步骤

（1）调出用户菜单。

（2）点击"用户菜单"中"部件屏蔽"项，显示屏即弹出"部件屏蔽"对话框。

（3）选中 2 号火灾报警总线地址码为 7 的现场单元所在的行，如图 3-54 所示。

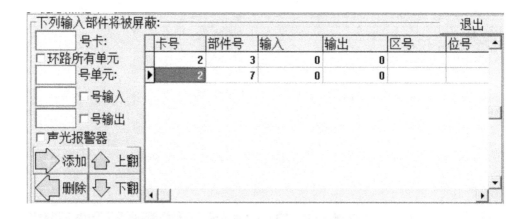

图 3-54　选中 2 号火灾报警总线地址码为 7 所在的行界面

（4）点击"部件屏蔽"对话框中"删除"按钮。

（5）选中 2 号火灾报警总线地址码为 3 的现场单元所在的行。

（6）点击"部件屏蔽"对话框中"删除"按钮。

（7）点击"部件屏蔽"对话框中"退出"按钮。

(8)点击"用户菜单"中"隐藏菜单"项。

(二十一)数据清零

1. 专项知识

火灾报警控制器能记录并存储所有接入其火灾报警总线的现场智能单元的设备信息,这些信息被称为"现场智能单元数据"。将现场智能单元数据删除被称为"数据清零"。

2. 实践要求

火灾报警控制器 2 号火灾报警总线数据清零。

3. 操作步骤

(1)进入"9600 系统设置"界面。

(2)点击下拉菜单栏中的"功能设定"列中的"设备联动[5]"项,显示屏即显示"设备联动设定"界面,如图 3-55 所示

(3)点击左下角的"清零[1]"按钮,该按钮右侧即出现要求输入密码确认的对话框,如图 3-56 所示。

(4)输入清零密码后,点击"确认"按钮,显示屏底部即显示"系统数据清零"界面,如图 3-57 所示。

(5)在"号环路"字样前的输入框中输入"2",点击"开始清零"按钮。

(6)等待 20s 后,点击"退出[0]"按钮。

(二十二)卸载回路卡

1. 专项知识

卸载回路卡是指删除回路卡的安装信息并将其从标准插座上拔出。

图 3-55 "设备联动设定"界面

图 3-56 "请输入密码确认"对话框

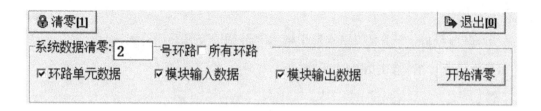

图 3-57 "系统数据清零"界面

2．实践要求

卸载安装在火灾报警控制器 2 号标准插座上的回路卡。

3．操作步骤

(1)进入"系统设置"界面。

(2)选择 2 号标准插座。

(3)在插卡类型下拉框中选择"空槽"。

(4)点击"退出"按钮。

(5)关闭火灾报警控制器。

(6)将回路卡从火灾报警控制器 2 号标准插座上拆除。

(二十三)识读产品型号

1．专项知识

火灾报警控制器产品型号按照中华人民共和国公共安全行业标准《火灾报警控制器产品型号编制方法》(GA/T228-1999)的规定,由类组型特征代号、分类特征代号及参数、结构特征代号、传输方式特征代号及参数、联动功能特征代号、厂家及产品代号组成,其形式如图 3-58 所示。

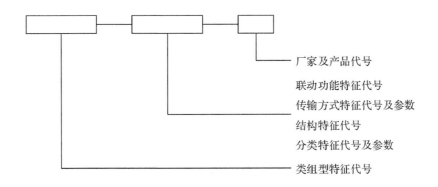

厂家及产品代号

联动功能特征代号

传输方式特征代号及参数

结构特征代号

分类特征代号及参数

类组型特征代号

图 3-58　火灾报警控制器产品型号基本形式

■ 类组型特征代号包括消防产品分类代号、火灾报警设备分类代号、火灾报警控制器应用范围特征代号。类组型特征代号用大写的汉语拼音字母表示,代号中使用的汉语拼音字母为类组型特征名称中具有代表性的汉语拼音字母。

■ 分类、结构、传输方式、联动功能特征代号是指火灾报警控制器按其用途、结构、传输方式和是否具有联动功能进行分类的代号,用分类、结构、传输方式、联动功能特征名称中有代表性的大写汉语拼音字母表示。分类特征参数表示火灾报警控制器可连接的火灾报警控制器数,用阿拉伯数字表示。传输方式特征参数表示火灾报警控制器的总线数,用阿拉伯数字表示。

■ 厂家代号表示生产厂家的名称,用汉语拼音字母或英文字母表示。产品代号表示产品的系列号,用阿拉伯数字表示。

根据《火灾报警控制器产品型号编制方法》(GA/T228-1999)的规定,火灾报警控制器产品型号的具体形式如图 3-59 所示。

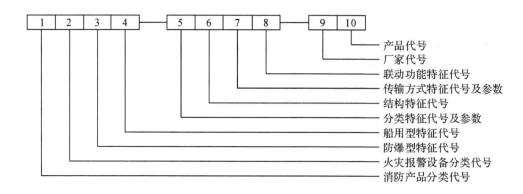

图 3-59　火灾报警控制器产品型号具体形式

【1】为消防产品分类代号。火灾报警控制器属于火灾报警设备,而火灾报警设备在消防产品中的分类代号为"J"。

【2】为火灾报警设备分类代号。火灾报警控制器在火灾报警设备中的分类代号为"B"。

【3】【4】为火灾报警控制器应用范围特征代号。具体表示方法是:防爆型为"B"(非防爆型省略),船用型为"C"(陆用型省略),防爆船用型用"BC"表示。

【5】为分类特征代号及参数。

分类特征代号(位置在前)采用一位字母表示。具体表示方法是:区域火灾报警控制器为"Q",集中火灾报警控制器为"J",通用火灾报警控制器为"T"。

分类特征参数用1位或2位阿拉伯数字表示。具体表示方法是:对于集中型或通用型火灾报警控制器,其分类特征参数是可连接的火灾报警控制器数;对于区域火灾报警控制器,其分类特征参数可省略。

【6】为结构特征代号。具体表示方法是:柜式结构为"G",台式结构为"T",壁挂式结构为"B"。

【7】为传输方式特征代号及参数。

传输方式特征代号采用1位字母表示。具体表示方法是:多线制为"D",总线制为"Z",无线制为"W",总线无线混合制或多线无线混合制为"H"。

传输方式特征参数用1位阿拉伯数字表示:对于总线制或总线无线混合制的火灾报警控制器,其传输方式特征参数是总线数;对于多线制、无线制、多线无线混合制的火灾报警控制器,其传输方式特征参数可忽略。

【8】为联动功能特征代号。具体表示方法是:联动型火灾报警控制器为"L",对于不具有联动功能的火灾报警控制器,其联动功能特征代号可省略。

【9】为厂家代号,一般为2~3位,用厂家名称中有代表性的汉语拼音字母或英文字母表示。

【10】为产品代号。

2. 实践要求

根据中华人民共和国公共安全行业标准《火灾报警控制器产品型号编制方法》(GA/T228-1999),识读表3-6所列举的火灾报警控制器产品型号,要求写出该产品型号对应火灾报警控制器的应用范围、分类特征、分类特征参数、结构特征、传输方式、传输方式特征参数和能否联动等信息。

表 3-6 火灾报警控制器产品型号识读

火灾报警控制器产品型号	应用范围	分类特征	分类特征参数	结构特征	传输方式	传输方式特征参数	能否联动
JB-QGZ2L-AHG15							
JBB-QBD-GST532							
JB-QGZ3-AFN200							
JBC-J4GHL-GST5230							
JB-J4GDL-N100							
JBC-QBZ2L-AHG8							
JB-QBZ3-AFN14							
JBC-QBH2-F333							
JB-QBH2L-GST12							
JBBC-T8TH2L-D53							
JB-J8TH2L-GST5000							
JBC-QBD-F456							
JB-QGW-F3123							
JBB-QBZ2-AFN16							
JB-T4BD-F324							
JBB-T6THL-K300							
JB-J6THL-N300							
JBBC-QBZ2L-R56							
JB-QBD-GST32							
JBBC-J4BZ2L-N9600							
JB-J4TZ2L-GST4							
JBB-QGZ2L-AHG15							
JB-J16TZ2L-GST64							
JBBC-J6GZ2L-G20							
JB-J6TZ2L-GST32							
JBBC-J8TH2L-K67							
JB-J16GZ2L-AFN16							
JBBC-QBW-R54							
JB-QGZ2-GST32							
JBB-J12TZ2L-GST12							
JBC-QBZ2-GST34							
JB-QBZ2-AFN100							
JBC-T4GZ2-AFN12							
JBBC-T6GHL-5200							

火灾报警控制器 产品型号	应用 范围	分类 特征	分类 特征参数	结构 特征	传输 方式	传输方式 特征参数	能否 联动
JBB-J4GH2L-D50							
JBC-T6TH2L-GST5309							
JBBC-QBD-R52							
JBC-T8GZ2L-AFN16							
JBB-J8GZ2-AFN18							
JBC-T16TZ2L-AHG8							
JBC-T6BZ2-AHG6							
JBBC-T4BZ2L-L3245							
JBC-QBW-F567							
JBB-QGZ2L-AHG15							
JBB-QBWL-M3245							

3. 操作步骤

(1)从左至右观察给定的产品型号(下同),如果第1个字母为"J"且第2个字母为"B",即可确定为火灾报警控制器产品型号。

(2)第2个字母之后、第1根横线之前部分依次为火灾报警控制器产品防爆型特征代号和船用型特征代号。

(3)第1根横线之后的第1个字母为火灾报警控制器的分类特征代号。

(4)分类特征代号之后如有数值,则该数值为火灾报警控制器的分类特征参数;如无数值,则忽略。

(5)分类特征参数之后的一个字母(若无分类特征参数,则是分类特征代号之后的一个字母)即为火灾报警控制器的结构特征代号。

(6)结构特征代号之后的一个字母为火灾报警控制器的传输方式特征代号。

(7)传输方式特征代号之后如有数值,则该数值为火灾报警控制器的传输方式特征参数;如无数值,则忽略。

(8)第2根横线之前的第1个字母若为L,则说明火灾报警控制器具备联动功能;若无,则不具备。

四、复习思考

1. 火灾报警控制器是火灾探测报警系统的"感觉器官",是否正确?

2. 什么是"线制"?

3. 火灾报警控制器按照线制的不同,可以分为哪几类?

4. 火灾探测器通过什么向多线型火灾报警控制器传输火灾报警信号?

5. 火灾探测器通过什么向总线型火灾报警控制器传输火灾报警信号?

6. 多线型火灾报警控制器和总线型火灾报警控制器相比较,有何优缺点?

7. 无线型火灾报警控制器常用于何种场合?

8. 什么是"容量"?

9. 火灾报警控制器按照容量的不同,可以分为哪几类?

10. 火灾报警控制器按照用途的不同,可以分为哪几类?

11. 区域型火灾报警控制器和集中型火灾报警控制器有何区别?

12. 壁挂式、台式、柜式火灾报警控制器比较起来,各有什么特点?

13. 规格为 2×1.0 的 RVS 双绞线,每根导线中金属导体的横截面面积是多少?

14. 消防工程中常用的预绝缘端子有哪几种?

15. 每组火灾报警总线能够连接的编码型火灾探测器或编码型手动火灾报警按钮的数量是否有限制?

16. 回路卡的用途是什么?

17. 火灾报警控制器的工作电源包括什么?

18. 正常情况下,火灾报警控制器由什么供电?

19. 备电电源能在主电电源断开后保证设备至少工作几小时?

20. 火灾报警控制器的"自检"包括哪些内容?

21. 火灾报警控制器内置时钟的作用是什么?

22. 什么是拓扑识别?

23. 什么是序列号？

24. 什么是单元配置？

25. "单元配置"的内容包括哪些？

26. 什么是单元添加？

27. 何时需要进行单元添加操作？

28. 什么是单元替换？

29. 不同类型设备是否可以进行"单元替换"操作？

30. 什么是火灾声光报警？

31. 什么是火灾报警记忆？

32. 什么是故障声光报警？

33. 什么是声报警消声及再声响？

34. 什么是火灾报警优先？

35. 什么是火灾报警控制器"正常监视状态"？

36. 什么是火灾报警控制器复位？

37. 屏蔽的功能是什么？

38. 如何判断系统是否有部件被屏蔽？

39. 什么是数据清零？

40. 回路卡是否可以直接从标准插座上拔出？

模块四　地址码模块的原理与应用

一、学习目标

(1)掌握地址码模块的概念和分类。

(2)掌握地址码模块的安装、配置及使用方法。

(3)掌握直流电源盘的使用方法。

(4)掌握非编码型火灾探测器的安装和使用方法。

二、基础知识

(一)概述

地址码模块,亦称"编码模块"或"中继模块",是总线型火灾报警控制器的重要配套设备,它直接接入火灾报警总线,可设置地址码,用于标识其身份。

地址码模块通过一组导线与若干个非编码型火灾探测器连接,所有非编码型火灾探测器均连接在这一组导线上,这一组导线被称为"火灾报警信号线"。当其中任意一只非编码型火灾探测器发出的火灾报警信号被地址码模块接收之后,地址码模块即通过火灾报警总线向火灾报警控制器发出火灾报警信号,如图4-1所示。

需要注意的是,连接在同一组火灾报警信号线上的非编码型火灾探测器的类型(按照待测火灾参数的不同分类)必须相同,并且属于同一防火分区。

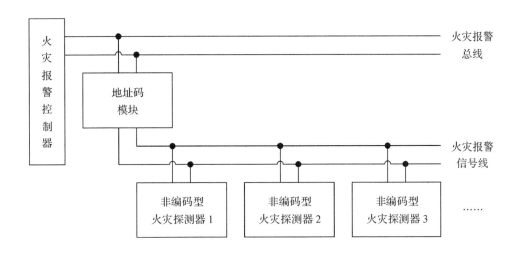

图 4-1　地址码模块原理

(二)分类

1. 按照火灾报警信号线是否能够提供工作电源的不同分类

(1)有源地址码模块:有源地址码模块的火灾报警信号线不仅用于传输火灾报警信号,还能够向与其连接的非编码型火灾探测器提供工作电源。但是,需要注意的是,有源地址码模块自身的工作电源需要通过专用的直流电源线提供,如图 4-2 所示。

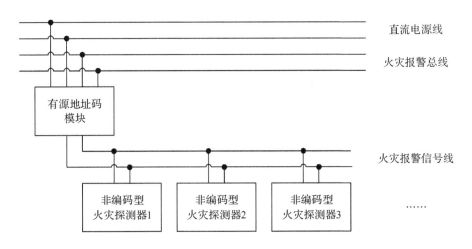

图 4-2　有源地址码模块应用示意

（2）无源地址码模块：无源地址码模块的火灾报警信号线仅用于传输火灾报警信号，非编码型火灾探测器的工作电源需要通过专用的直流电源线提供。但是，与有源地址码模块不同的是，无源地址码模块自身的工作电源由火灾报警总线提供即可，无须通过专用的直流电源线取得，如图4-3所示。

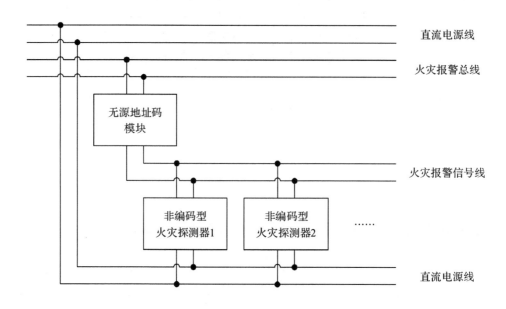

图4-3　无源地址码模块应用示意

2. 按照能够连接的火灾报警信号线的组数不同分类

（1）单输入地址码模块：仅能够连接一组火灾报警信号线。

（2）多输入地址码模块：能够连接多组火灾报警信号线，如图4-4所示。

3. 按照是否具有自动复位功能分类

地址码模块接收到来自非编码型火灾探测器的火灾报警信号后，其工作状态即由正常监视状态变为火灾报警状态。当通过火灾报警控制器进行复位操作后，地址码模块的工作状态亦由火灾报警状态恢复至正常监视状态，这一过程被称为"地址码模块的复位"。

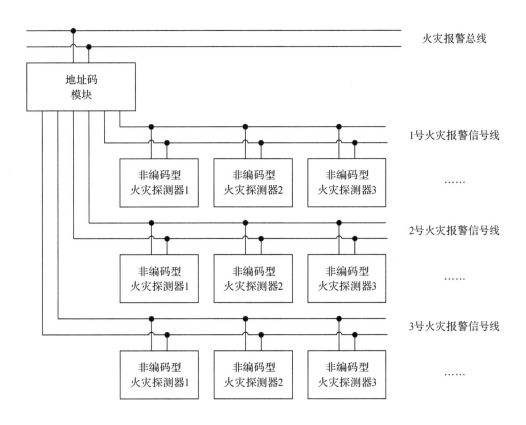

图 4-4 多输入地址码模块应用示意

地址码模块的自动复位功能是指地址码模块复位之后,能够自动将与其连接的非编码型火灾探测器的工作状态恢复至正常监视状态。地址码模块按照是否具有自动复位功能,可以分为自动复位地址码模块和手动复位地址码模块。

(1)自动复位地址码模块:具有自动复位功能的地址码模块。

(2)手动复位地址码模块:无自动复位功能的地址码模块。

需要说明的是,要将与手动复位地址码模块连接的非编码型火灾探测器的工作状态恢复至正常监视状态,需要消防人员手动断开其工作电源并恢复方可实现。

三、实践应用

(一)敷设直流电源线

1. 专项知识

在火灾探测报警系统中,通常会敷设"直流电源线"以便向系统组件提供工作电源。直流电源线包含 2 根导线:"＋线"和"－线",分别接入直流电源的"＋"和"－"极,所有需要直流电源供电的系统组件均并联在直流电源线上,如图 4-5 所示。

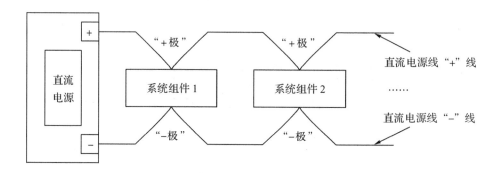

图 4-5   直流电源线供电示意

2. 实践要求

(1)截取 1 根长度约为 315cm 的红黑色 RVS 双绞线(规格:2×1.0)作为"直流电源线",依次穿过实验板 11、12 号接线盒中,每个接线盒内预留 40～45cm RVS 双绞线;为方便区分,任选直流电源线的一端作为首端(H 端),另一端作为末端(T 端)。

(2)将直流电源线首端(H＋、H－)和末端(T＋、T－)分别固定在实验板端子排 E 的 3、4、9、10 号接线柱上(注意:直流电源线的首、末端应分别套入标有"DC24V(H)""DC24V(T)"字样的号码套管)。

3．操作步骤

（1）截取 1 条长度为 315cm 的红黑色 RVS 双绞线作为直流电源线，规定红色线为"＋"线，黑色线为"－"线。

（2）任选直流电源线的一端作为首端，套入标有"DC24V（H）"字样的号码套管，然后用叉型冷压端子端接。

（3）将直流电源线接线端子 DC24V（H）＋、DC24V（H）－分别固定在实验板端子排 E 的 3、4 号接线柱（以下简称 E_3、E_4）上。

（4）将直流电源线按顺序依次穿过 11、12 号接线盒，并且在每个接线盒内预留 40～45cm 的 RVS 双绞线。

（5）将直流电源线的另一端作为末端，套入标有"DC24V（T）"字样的号码套管，然后用叉型冷压端子端接。

（6）将直流电源线接线端子 DC24V（T）＋、DC24V（T）－分别固定在实验板端子排 E 的 9、10 号接线柱（以下简称 E_9、E_{10}）上。

（二）安装地址码模块

1．专项知识

MK-1/1-AHG2030 型地址码模块与 JB-QG-15-AHG9600 型火灾报警控制器配套使用，如图 4-6 所示。

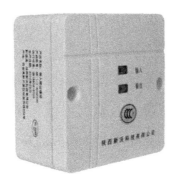

图 4-6　MK-1/1-AHG2030 型地址码模块

将地址码模块拆开,分成上盖和底盒两个部分,如图4-7所示。

图 4-7　MK-1/1-AHG2030 型地址码模块上盖与底盒

上盖部分的电路板上有 6 个接线柱,其功能说明如表 4-1 所示。

表 4-1　地址码模块接线柱功能说明

接线柱	功能说明
UL+	接火灾报警总线 A+端和 B+端
UL-in	接火灾报警总线 A-端
UL-out	接火灾报警总线 B-端
IN+、IN-	火灾报警信号输入端,用于连接火灾报警信号线

2. 实践要求

在实验板 11 号接线盒处安装一个 MK-1/1-AHG2030 型地址码模块。

3. 操作步骤

(1)关闭火灾报警控制器(如已关闭请忽略)。

(2)将预留在 11 号接线盒中的直流电源线对折后剪断。

(3)为方便区分,在断开处靠近直流电源线首端的接线端套入标有"DC24V(11A)"字样的号码套管,靠近直流电源线末端的接线端套入标有"DC24V(11B)"字样的号码套管,然后用管型冷压端子端接。

(4)将直流电源线接线端子 DC24V(11A)+、DC24V(11B)+固定在实验板端子排 D 的 3 号接线柱(以下简称 D_3)上。

(5)将直流电源线接线端子 DC24V(11A)－、DC24V(11B)－固定在实验板端子排 D 的 4 号接线柱(以下简称 D_4)上。

(6)将预留在 11 号接线盒中的火灾报警总线对折后剪断。

(7)在断开处,靠近火灾报警总线首端的接线端套入标有"FABUS(11A)"字样的号码套管,而靠近火灾报警总线末端的接线端套入标有"FABUS(11B)"字样的号码套管,然后用叉型冷压端子端接。

(8)截取一段长度为 25cm 的红蓝色 RVS 双绞线,将其作为地址码模块火灾报警信号输入端(IN＋、IN－)的延长线(以下简称"延长线"),规定红色线为"＋线",蓝色线为"－线"。

(9)为方便区分,任选延长线的一端套入标有"IN(H)"字样的号码套管,另一端套入标有"IN(T)"字样的号码套管,然后用叉型冷压端子端接。

(10)将延长线接线端子 IN(T)＋、IN(T)－分别固定在实验板端子排 D 的 1、2 号接线柱(以下简称 D_1、D_2)上。

(11)将延长线穿入 11 号接线盒,并连同 11 号接线盒内的火灾报警总线,一起穿入地址码模块底盒的进线孔。

(12)将地址码模块底盒固定在 11 号接线盒上。

(13)将火灾报警总线接线端子 FABUS(11A)＋、FABUS(11A)－分别固定在地址码模块的接线柱 UL＋、UL-in 上。

(14)将火灾报警总线接线端子 FABUS(11B)＋、FABUS(11B)－分别固定在地址码模块的接线柱 UL＋、UL-out 上。

(15)将延长线接线端子 IN(H)＋、IN(H)－分别固定在地址码模块的接线柱 IN＋、IN－上。

(16)将地址码模块的上盖固定在底盒上。

(三)敷设直流电源支线

1.专项知识

MK-1/1-AHG2030型地址码模块属无源地址码模块,需要敷设直流电源支线以便向与其连接的非编码型火灾探测器提供工作电源。

直流电源支线包含2根导线:"+线"和"−线",分别与直流电源线的"+线"和"−线"连接,所有非编码型火灾探测器均并联在直流电源支线上,如图4-8所示。

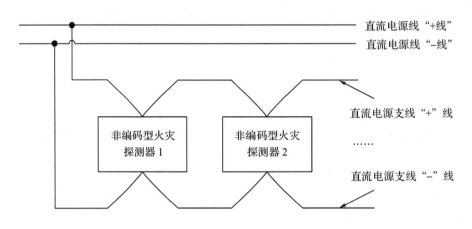

图 4-8 直流电源支线应用示意

2.实践要求

(1)截取1根长度约为110cm的红黑色RVS双绞线(规格:2×1.0)作为"直流电源支线",依次穿过实验板13、14号接线盒中,每个接线盒内预留30～35cm RVS双绞线;为方便区分,任选直流电源支线的一端作为首端(H端),另一端作为末端(T端)。

(2)将直流电源支线首端(H+、H−)固定在实验板端子排D的3、4号接线柱上(注意:直流电源支线的首端应套入标有"ZDC24V(11H)"字样的号码套管)。

(3)将直流电源支线末端(T+、T−)固定在实验板端子排F的3、4号接线柱上(注意:直流电源支线的末端应套入标有"ZDC24V(11T)"字样的号码套管)。

3．操作步骤

(1)截取一段长度为 110cm 的红黑色 RVS 双绞线作为"直流电源支线"，规定红色线为"＋线"、黑色线为"－线"。

(2)任选直流电源支线的一端作为首端，套入标有"ZDC24V(11H)"字样的号码套管，然后用叉型冷压端子端接。

(3)将直流电源支线的另一端作为末端，套入标有"ZDC24V(11T)"字样的号码套管，然后用叉型冷压端子端接。

(4)将直流电源支线接线端子 ZDC24V(11H)＋、ZDC24V(11H)－分别固定在实验板端子排 D 的 3、4 号接线柱(以下简称 D_3、D_4)上。

(5)将直流电源支线依次穿过实验板 13、14 号接线盒，每个接线盒内预留 30～35cm RVS双绞线。

(6)将直流电源支线接线端子 ZDC24V(11T)＋、ZDC24V(11T)－分别固定在实验板端子排 F 的 3、4 号接线柱(以上简称 F_3、F_4)上。

(四)敷设火灾报警信号线

1．专项知识

MK-1/1-AHG2030 型地址码模块属单输入地址码模块，它仅能够连接一组火灾报警信号线。与其连接的火灾报警信号线包含 2 根导线："＋线"和"－线"，分别接入地址码模块的火灾报警信号输入端"IN＋"和"IN－"，所有非编码型火灾探测器均并联在火灾报警信号线上，如图 4-9 所示。

2．实践要求

(1)截取 1 根长度约为 110cm 的红蓝色 RVS 双绞线(规格：2×1.0mm)作为"火灾报警信号线"，依次穿过实验板 13、14 号接线盒中，每个接线盒内预留 30～35cm RVS双绞线；为方便区分，任选火灾报警信号线的一端作为首端(H 端)，另

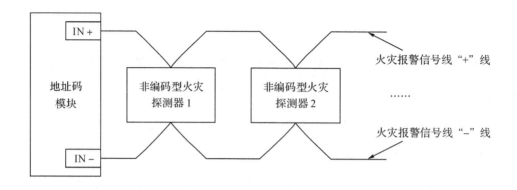

图 4-9　火灾报警信号线应用示意

一端作为末端(T 端)。

(2)将火灾报警信号线首端(H＋、H－)固定在实验板端子排 D 的 1、2 号接线柱上(注意:火灾报警信号线的首端应套入标有"FA(H)"字样的号码套管)。

(3)将火灾报警信号线末端(T＋、T－)固定在实验板端子排 F 的 3、4 号接线柱上(注意:火灾报警信号线的末端应套入标有"FA(T)"字样的号码套管)。

3. 操作步骤

(1)截取一段长度为 110cm 的红蓝色 RVS 双绞线作为火灾报警信号线,规定红色线为"＋线"、蓝色线为"－线"。

(2)任选火灾报警信号线的一端作为首端,套入标有"FA(H)"字样的号码套管,然后用叉型冷压端子端接。

(3)将火灾报警信号线的另一端作为末端,套入标有"FA(T)"字样的号码套管,然后用叉型冷压端子端接。

(4)将火灾报警信号线接线端子 FA(H)＋、FA(H)－分别固定在实验板端子排 D 的 1、2 号接线柱(以下简称 D_1、D_2)上。

(5)将火灾报警信号线依次穿过 13、14 号接线盒,每个接线盒内预留 30～35cm RVS双绞线。

(6)将火灾报警信号线接线端子 FA(T)＋、FA(T)－分别固定在实验板端子排 F 的 1、2 号接线柱(以下简称 F_1、F_2)上。

(五)安装非编码型火灾探测器

1. 专项知识

JTG-ZF-G1点型紫外感光火灾探测器属非编码型火灾探测器,如图4-10所示。

图4-10 JTG-ZF-G1点型紫外感光火灾探测器

JTG-ZF-G1点型火灾探测器须与 DZ-03 型探测器底座配套使用,如图 4-11 所示。

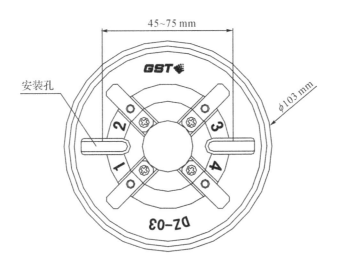

图4-11 DZ-03型探测器底座

DZ-03 型探测器底座包含 4 个接线柱，其功能说明如表 4-2 所示。

表 4-2　DZ-03 型探测器底座接线柱功能说明

接线柱	功能说明
1、3	接火灾报警信号线"＋""－"端
2、4	接 DC24V 电源"＋""－"端

2. 实践要求

将 2 个非编码型火灾探测器分别安装在实验板 13、14 号接线盒上。

3. 操作步骤

（1）将 13 号接线盒内的火灾报警信号线对折后剪断，在断开处，靠近火灾报警信号线首端的接线端套入标有"FA(13A)"字样的号码套管，而靠近火灾报警信号线末端的接线端套入标有"FA(13B)"字样的号码套管，然后用管型冷压端子端接。

（2）将 13 号接线盒内的直流电源支线对折后剪断，在断开处，为方便区分，靠近直流电源支线首端的接线端套入标有"ZDC24V(13A)"字样的号码套管，而靠近直流电源支线末端的接线端套入标有"ZDC24V(13B)"字样的号码套管，然后用管型冷压端子端接。

（3）将火灾报警信号线接线端子 FA(13A)＋、FA(13B)＋从火灾探测器底座的穿线孔中穿过，固定在火灾探测器底座的 1 号接线柱上。

（4）将火灾报警信号线接线端子 FA(13A)－、FA(13B)－从火灾探测器底座的穿线孔中穿过，固定在火灾探测器底座的 3 号接线柱上。

（5）将直流电源支线接线端子 ZDC24V(13A)＋、ZDC24V(13B)＋从火灾探测器底座的穿线孔中穿过，固定在火灾探测器底座的 2 号接线柱上。

（6）将直流电源支线接线端子 ZDC24V(13A)－、ZDC24V(13B)－从火灾探测器底座的穿线孔中穿过，固定在火灾探测器底座的 4 号接线柱上。

（7）将火灾探测器底座固定在 13 号接线盒上。

（8）将火灾探测器的探头固定在底座上。

（9）参照上述步骤（1）至（7），在 14 号接线盒上安装 1 个非编码型感光火灾探测器。

（六）直流电源线接入直流电源盘

1．专项知识

HY1951B/10A 型直流电源盘能够提供不间断 DC24V 电源，如图 4-12 所示。它以 AC220V 消防电源作为主电电源，DC24V 密封铅电池作为备电电源，主电电源和备电电源之间能够自动切换，且备电电源能在断开主电电源后保证设备至少工作 8 小时。

图 4-12　HY1951B/10A 型直流电源盘

2．实践要求

将实验板上的直流电源线接入 HY1951B/10A 型直流电源盘。

3．操作步骤

（1）将直流电源线接线端子 DC24V（H）＋和 DC24V（H）－分别固定在 HY1951B/10A 型直流电源盘的接线柱"DC24V 输出＋"和"DC24V 输出－"上，如图 4-13所示。

（2）测试直流电源线接线端子 DC24V（H）＋与 DC24V（T）＋之间是否导通，如是则继续下一步，否则说明直流电源线的"＋线"存在断路故障，应查找原因并排除。

（3）测试直流电源线接线端子 DC24V（H）－与 DC24V（T）－之间是否导通，如是

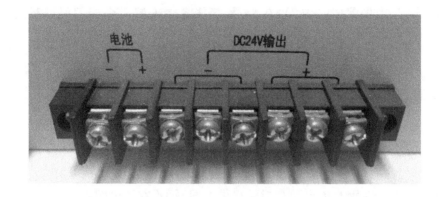

图 4-13 "DC24V 输出"接线柱

则继续下一步,否则说明直流电源线的"一线"存在断路故障,应查找原因并排除。

(4)测试直流电源线接线端子 DC24V(H)＋与 DC24V(H)－,或者 DC24V(T)＋与 DC24V(T)－之间是否导通,如是则说明直流电源线的"＋线"与"一线"之间存在短路故障,应查找问题并排除。

(七)打开/关闭直流电源盘

1. 专项知识

直流电源盘的工作电源包括主电电源和备电电源两部分。正常情况下,直流电源盘由主电电源供电;当主电电源发生故障时,直流电源盘能够自动切换至由备电电源供电;而当主电电源恢复正常后,直流电源盘能够自动切换回由主电电源供电并向备电电源充电。

HY1951B/10A 型直流电源盘以 AC220V/50Hz 消防电源作为主电电源,DC24V 密封铅电池作为备电电源。实训台开关面板上设有"直流电源/主电""直流电源/备电"开关,用于控制 HY1951B/10A 型直流电源盘的主电电源和备电电源的通断,如图 4-14 所示。

火灾报警控制器的打开/关闭应按照规定的顺序接通/断开主电电源和备电电源。

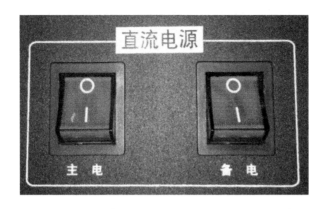

图 4-14　直流电源盘主电/备电控制开关

2.实践要求

打开/关闭直流电源盘。

3.操作步骤

(1)依次打开"直流电源/主电"和"直流电源/备电"开关即可打开直流电源盘。

(2)依次关闭"直流电源/备电"和"直流电源/主电"开关即可关闭直流电源盘。

(八)配置地址码模块

1.专项知识

配置地址码模块是指配置地址码模块火灾报警信号输入端的输入类型、输入分区、输入位号和输入描述等内容,具体如下:

(1)配置"输入类型",说明火灾报警信号输入端的输入类型,应配置为"火警"。

(2)配置"输入分区",说明连接在该火灾报警信号输入端的火灾报警信号线所连接的非编码型火灾探测器所属的防火分区区号,可设定的范围是1~999。

(3)配置"输入位号",每组火灾报警信号线占用一个输入位号,可设定的范围是1~99。注意:连接属于同一防火分区的非编码型火灾探测器的不同组火灾报警信号线的"输入位号"不得重复。

（4）配置"输入描述"，说明连接在该火灾报警信号输入端的火灾报警信号线所连接的非编码型火灾探测器的物理位置和类型。

2．实践要求

对地址码模块进行配置。

3．操作步骤

（1）火灾报警控制器开机。

（2）对安装在 11 号接线盒上的地址码模块进行单元添加操作。

（3）进入"9600 系统设置"界面。

（3）点击显示屏左侧"环路资源拓扑结构图"中"环路卡 2"字样处。

（4）点击"环路资源拓扑结构图"中"9)1 入 1 出 2.0"字样处，显示屏右侧出现地址码模块配置界面，如图 4-15 所示。

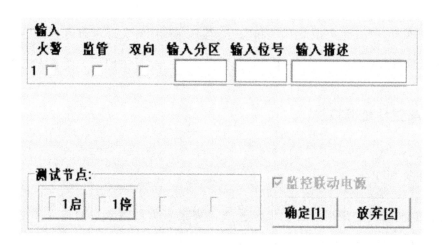

图 4-15　地址码模块配置界面

（5）勾选"火警"字样下面的复选框。

（6）在"输入分区""输入位号"和"输入描述"字样下面的输入框中分别输入"3""1"和"103　感光火灾探测器"。

（7）点击"确定"按钮即可保存配置。

(九)地址码模块的应用

1．专项知识

MK-1/1-AHG2030 型地址码模块属非自动复位地址模块,因此在火警处理完毕之后,应首先将处于火灾报警状态的非编码型火灾探测器的探头从探测器底座上取下,再将探头重新安装在探测器底座上,手动完成火灾探测器的复位后,火灾报警控制器方可复位。

2．实践要求

触发非编码型火灾探测器报警,观察地址码模块的工作情况。

3．操作步骤

(1)进入"监控运行"界面。

(2)触发 13 号接线盒上的感光火灾探测器报警。

(3)观察火灾报警控制器是否发出火灾报警声,如是则按下"消音"键。

(4)查看火警信息。

(5)触发 14 号接线盒上的感光火灾探测器报警。

(6)观察火灾报警控制器是否发出火灾报警声时,如是则按下"消音"键。

(7)查看火警信息。

(8)复位火灾报警控制器。

(9)观察 13、14 号接线盒上的感光火灾探测器处于何种工作状态。

(10)观察火灾报警控制器是否发出火灾报警声,如是则按下"消音"键。

(11)查看火警信息。

(12)取下 13、14 号接线盒上的感光火灾探测器的探头。

(13)重新将 13、14 号接线盒上的感光火灾探测器的探头固定在探测器底座上。

(14)观察 13、14 号接线盒上的感光火灾探测器处于何种工作状态。

(15)复位火灾报警控制器。

四、复习思考

1. 地址码模块是否可以与多线型火灾报警控制器配套使用？

2. 地址码模块是否占用火灾报警总线的地址码？占用几个地址码？

3. 非编码型火灾探测器通过什么向地址码模块传输火灾报警信号？

4. 地址码模块通过什么向火灾报警控制器传输火灾报警信号？

5. 连接在同一组火灾报警信号线上的非编码型火灾探测器的类型（按照待测火灾参数的不同分类）是否必须相同？是否应属于同一防火分区？

6. 有源地址码模块和无源地址码模块有何区别？

7. 单输入地址码模块和多输入地址码模块有何区别？

8. 什么是地址码模块的自动复位功能？

9. 所有需要直流电源供电的设备通过何种形式连接在直流电源线上，并联还是串联？

10. 地址码模块的配置是指什么？

11. 连接在同一组火灾报警信号线上的不同非编码型火灾探测器发出火灾报警信号后，火灾报警控制器上的火灾报警信息是否有区别？

12. 非编码型火灾探测器通过地址码模块向火灾报警控制器发出火灾报警信号后，火灾报警控制器能否显示是哪一个非编码火灾探测器发出的火灾报警信号？

模块五　火灾显示盘的原理与应用

一、学习目标

(1)掌握火灾显示盘的概念及分类。

(2)掌握火灾显示盘的安装、配置及使用方法。

二、基础知识

(一)概念

火灾显示盘是火灾探测报警系统的重要组成部分,又称"楼层显示器"或"火灾报警盘",通常安装在楼层或独立防火区内。它能够接收来自火灾报警控制器的火灾报警信号,并发出声光报警信号,显示火灾报警信息以指示火灾发生的部位。

(二)分类

1. 按照火灾报警信息显示方式的不同分类

火灾显示盘按照火灾报警信息显示方式的不同,可分为数字式、汉字/英文式、图形式三种,其外形如图5-1所示。

2. 按照系统接线方式的不同分类

火灾显示盘按照其与火灾报警控制器接线方式的不同,可以分为多线型火灾显

(a) 数字式   (b) 汉字/英文式   (c) 图形式

图 5-1　火灾显示盘

示盘和总线型火灾显示盘。

(1)多线型火灾显示盘

多线型火灾显示盘与火灾报警控制器之间采用一组导线——对应连接,即有一台火灾显示盘便需要一组导线与之对应,如图 5-2 所示。

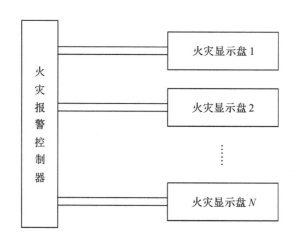

图 5-2　多线型火灾显示盘原理

(2)总线型火灾显示盘

总线型火灾显示盘与火灾报警控制器之间采用总线方式连接,即火灾报警控制器通过一组导线与系统中的火灾显示盘连接,所有火灾显示盘均连接在这一组导线上,每台火灾显示盘占用总线上的 1 个地址码,如图 5-3 所示。

需要注意的是,总线型火灾显示盘根据其接入总线类型的不同,又可以分为火灾报警总线型和专用总线型两种。火灾报警总线型火灾显示盘可直接接入总线型火灾报警控制器的火灾报警总线;而专用总线型火灾显示盘必须通过专用总线与火灾报警控制器连接,该专用总线仅可接入火灾显示盘,其他设备一概无法接入。

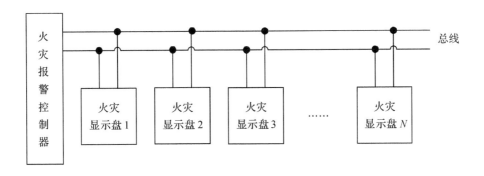

图 5-3 总线型火灾显示盘原理

三、实践应用

(一)安装火灾显示盘

1.专项知识

HX-DZ/32-AHG2015 型火灾显示盘属于火灾报警总线型火灾显示盘,它可以直接接入火灾报警总线,占用火灾报警总线的 1 个地址码。

HX-DZ/32-AHG2015 型火灾显示盘上一共包含 8 个接线柱,其功能说明如表 5-1所示。

表 5-1 火灾显示盘接线柱功能说明

接线柱	功能说明
UL+	接火灾报警总线 A+端和 B+端
UL-in	接火灾报警总线 A—端
UL-out	接火灾报警总线 B—端
+EXT	接直流电源线"+"端
—EXT	接直流电源线"—"端

2．实践要求

在实验板 12 号接线盒上安装一个 HX-DZ/32-AHG2015 型火灾显示盘。

3．操作步骤

(1)关闭火灾报警控制器和直流电源盘。

(2)将预留在 12 号接线盒中的直流电源线对折后剪断。

(3)为方便区分,在断开处靠近直流电源线首端的接线端套入标有"DC24V(12A)"字样的号码套管,靠近直流电源线末端的接线端套入标有"DC24V(12B)"字样的号码套管,然后用管型冷压端子端接。

(4)将预留在 12 号接线盒中的火灾报警总线对折后剪断。

(5)在断开处,靠近火灾报警总线首端的接线端套入标有"FABUS(12A)"字样的号码套管,而靠近火灾报警总线末端的接线端套入标有"FABUS(12B)"字样的号码套管,然后用管型冷压端子端接。

(6)将直流电源线接线端子 DC24V(12A)＋、DC24V(12B)＋固定在火灾显示盘接线柱＋EXT 上。

(7)将直流电源线接线端子 DC24V(12A)－、DC24V(12B)－固定在火灾显示盘接线柱－EXT 上。

(8)将火灾报警总线接线端子 FABUS(12A)＋、FABUS(12B)＋固定在火灾显示盘接线柱 UL＋上。

(9)将火灾报警总线接线端子 FABUS(12A)－固定在火灾显示盘接线柱 UL-in 上。

(10)将火灾报警总线接线端子 FABUS(12B)－固定在火灾显示盘接线柱 UL-out 上。

(11)检查火灾报警总线和直流电源线是否存在短路或断路故障,如存在应立即查找原因并排除故障,否则继续下一步。

(12)将火灾显示盘固定在实验板 12 号接线盒上。

(二)配置火灾显示盘

1.专项知识

每台 HX-DZ/32-AHG2015 型火灾显示盘设有 32 个指示灯及标签粘贴格。将手写或印制的标有不同防火分区名称的文字标签贴在不同指示灯后方的标签粘贴格上,并完成相应配置。当火灾显示盘接收到来自不同防火分区的火灾报警信号之后,对应防火分区的指示灯就会点亮用于指示该防火分区发生火警。火灾显示盘的配置包括以下两个方面内容:

(1)32 个指示灯的控制号(控制号的范围为 1000～9999)。

(2)每个防火分区与指示灯的对应点亮关系。

2.实践要求

(1)为火灾显示盘的 1～12 号指示灯设置控制号 1001～1012。

(2)设置每个防火分区与指示灯的对应点亮关系,具体要求如表 5-2 所示。

表 5-2　防火分区火警与指示灯点亮的对应关系说明

防火分区	指示灯
防火分区 1	1 号指示灯
防火分区 2	2 号指示灯
防火分区 3	3 号指示灯

3.操作步骤

(1)启动火灾报警控制器并打开直流电源盘。

(2)对安装在 12 号接线盒上的火灾显示盘进行单元添加操作。

(3)进入"9600 系统设置"界面,在"环路资源拓扑结构图"中点击"10)32 灯模块"字样处,如图 5-4 所示。

(4)在"1""2""3""4"字样上方的控制号输入框中分别输入 1001、1002、

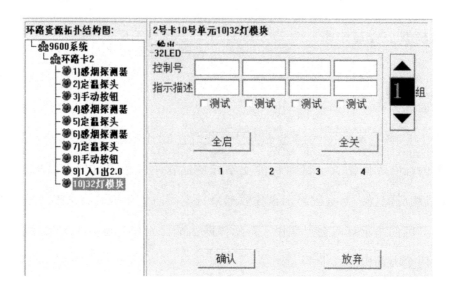

图 5-4　火灾显示盘配置界面

1003、1004。

（5）点击"1 组"字样下方的"▼"按钮。

（6）显示屏弹出"是否执行模块新设定数据"对话框时，点击"Yes"按钮，如图 5-5 所示。

图 5-5　"是否执行模块新设定数据"对话框界面

（7）在"5""6""7""8"字样上方的控制号输入框中分别输入 1005、1006、1007、1008。

（8）点击"2 组"字样下方的"▼"按钮。

（9）显示屏弹出"是否执行模块新设定数据"对话框时，点击"Yes"按钮。

（10）在"9""10""11""12"字样上方的控制号输入框中分别输入 1009、1010、

1011、1012。

　　(11)点击"确认"按钮。

　　(12)显示屏弹出"是否执行模块新设定数据"对话框时，点击"Yes"按钮。

　　(13)调出"设备联动设定"界面。

　　(14)点击"探测器输入设定"字样处，如图 5-6 所示。

图 5-6　"探测器输入设定"标签页界面

　　(15)找出"区号"为 1 的所有行，在"控制 1"列的输入框中输入"1001"。

　　(16)找出"区号"为 2 的所有行，在"控制 1"列的输入框中输入"1002"。

　　(17)点击"模块输入设定"字样处，如图 5-7 所示。

设备联动设定								
探测器输入设定		模块输入设定	相关控制号设定		控制号及反馈			
模块输入：								
卡号	地址	输入号	区号	位号	输入描述	控制1	控制2	控制3 控制4
2	9	1	3	1	103			

图 5-7　"模块输入设定"标签页界面

　　(18)找出"区号"为 3 的所有行，在"控制 1"列的输入框中输入"1003"。

　　(19)点击"退出[0]"按钮。

　　(20)点击"监控运行"按钮。

(三)使用火灾显示盘

1.专项知识

火灾显示盘接收到来自火灾报警控制器的火灾报警信号之后,能够发出声光报警信号,显示火灾报警信息指示火灾发生的部位。光报警信号在火灾报警控制器复位之前不能手动消除;声报警信号应能手动消除,并有消音指示,但有火灾报警信号再次输入时,应能再次启动报警。

2.实践要求

触发不同防火分区的火灾探测器、手动火灾报警按钮,观察火灾显示盘的工作情况。

3.操作步骤

(1)触发1号接线盒上的感烟火灾探测器报警。

(2)当火灾报警控制器发出火灾报警声时,按下火灾报警控制器上的"消音"键。

(3)观察火灾显示盘是否发出火灾报警声,如是则按下火灾显示盘上的"消音"键。

(4)观察火灾显示盘指示灯的点亮情况。

(5)触发2号接线盒上的感温火灾探测器报警。

(6)重复步骤(2)(3)(4)。

(7)触发4号接线盒上的手动火灾报警按钮报警。

(8)重复步骤(2)(3)(4)。

(9)触发5号接线盒上的感烟火灾探测器报警。

(10)重复步骤(2)(3)(4)。

(11)触发6号接线盒上的感温火灾探测器报警。

(12)重复步骤(2)(3)(4)。

(13)触发 7 号接线盒上的感烟火灾探测器报警。

(14)重复步骤(2)(3)(4)。

(15)触发 8 号接线盒上的感温火灾探测器报警。

(16)重复步骤(2)(3)(4)。

(17)触发 10 号接线盒上的手动火灾报警按钮报警。

(18)重复步骤(2)(3)(4)。

(19)触发 13 号接线盒上的感光火灾探测器报警。

(20)重复步骤(2)(3)(4)。

(21)触发 14 号接线盒上的感光火灾探测器报警。

(22)重复步骤(2)(3)(4)。

(23)复位所有手动火灾报警按钮的启动零件。

(24)复位所有非编码型感光火灾探测器。

(25)复位火灾报警控制器。

(26)观察火灾显示盘指示灯点亮情况。

四、复习思考

1. 火灾显示盘的作用是什么？通常安装在哪里？

2. 火灾显示盘按照火灾报警信息显示方式的不同，可以分为哪几类？

3. 火灾报警总线型和专用总线型火灾显示盘有何区别？

4. 火灾显示盘是否需要专用的直流电源线供电？

5. 火灾显示盘接收到来自火灾报警控制器的火灾报警信号之后，发出的光报警信号在火灾报警控制器复位之前能否手动消除？

6. 火灾显示盘接收到来自火灾报警控制器的火灾报警信号之后，发出的声报警信号能否手动消除？

模块六 火灾声光警报器的原理与应用

一、学习目标

(1)掌握火灾声光警报器的概念和分类。

(2)掌握火灾声光警报器的安装和使用方法。

二、基础知识

(一)概述

火灾声光警报器是火灾探测报警系统中最常见的一种火灾警报装置,其作用是当火灾发生并经确认后,安装在现场的火灾声光警报器能够发出强烈的声光警报信号,以达到提醒现场人员注意的目的,其外形如图 6-1 所示。

图 6-1 火灾声光警报器

(二)分类

1. 按照信号传输方式的不同分类

火灾声光警报器按照信号传输方式的不同,可以分为编码型火灾声光警报器和非编码型火灾声光警报器。

(1)编码型火灾声光警报器

编码型火灾声光警报器可以设置地址码,用于标识火灾声光警报器的身份。它与总线型火灾报警控制器配套使用,直接接入火灾报警总线,占用火灾报警总线上的一个地址码,但其工作电源需要通过专用的直流电源线提供,如图 6-2 所示。

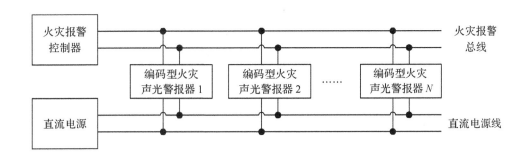

图 6-2　编码型火灾声光警报器应用示意

需要说明的是,火灾报警控制器既可以控制全部编码型火灾声光警报器同时发出声光警报,也可以控制指定的火灾声光警报器发出声光警报。

(2)非编码型火灾声光警报器

非编码型火灾声光警报器不可设置地址码,无法标识火灾声光警报器的身份。非编码型火灾声光警报器可以接入火灾报警控制器的火灾声光警报线,如图 6-3 所示。

需要说明的是,火灾报警控制器只能控制全部非编码型火灾声光警报器同时发出声光警报,而无法控制指定的非编码火灾声光警报器发出声光警报。

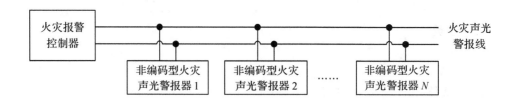

图 6-3　非编码型火灾声光警报器应用示意

2．按照防爆性能分类

(1)非防爆型火灾声光警报器：无防爆要求，目前民用建筑中使用的绝大部分火灾声光警报器属于这一类。

(2)防爆型火灾声光警报器：具有防爆性能、用于有防爆要求的石油和化工等场所的工业型火灾声光警报器。

3．按照使用环境的不同分类

(1)陆用型火灾声光警报器：最通用的火灾声光警报器。

(2)船用型火灾声光警报器：工作环境对温度、湿度等要求均高于陆用型。

三、实践应用

(一)敷设火灾声光警报线

1．专项知识

火灾声光警报线包含 2 根线："＋线"和"－线"，非编码型火灾声光警报器可并联接入火灾声光警报线，如图 6-4 所示。当火灾发生时，火灾报警控制器通过火灾声光警报线控制所有并联在火灾声光警报线上的非编码型火灾声光警报器，即发出声光警报。

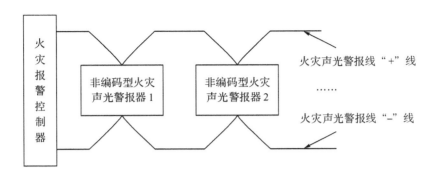

图 6-4　火灾声光警报线应用示意

2. 实践要求

(1)截取一根长度约为 270cm 的红黄色 RVS 双绞线(规格:2×1.0mm)作为"火灾声光警报线",依次穿过实验板 3、9 号接线盒中,每个接线盒内预留 30～35cm RVS 双绞线。为方便区分,任选火灾报警信号线的一端作为首端(H 端),另一端作为末端(T 端)。

(2)将火灾声光警报线首端(H+、H-)和末端(T+、T-)分别固定在实验板端子排 E 的 5、6、7、8 号接线柱上(注意:火灾声光警报线的首、末端应分别套入标有"SLA(H)""SLA(T)"字样的号码套管)。

3. 操作步骤

(1)截取一条长度为 270cm 的红黄色 RVS 双绞线作为火灾声光警报线,规定红色线为"+"线,黄色线为"-"线。

(2)任选火灾声光警报线的一端作为首端,套入标有"SLA(H)"字样的号码套管,然后用叉型冷压端子端接。

(3)将火灾声光警报线接线端子 SLA(H)+、SLA(H)-分别固定在实验板端子排 E 的 5、6 号接线柱(以下简称 E_5、E_6)上。

(4)将火灾声光警报线按顺序依次穿入实验板 3 号接线盒和 9 号接线盒,并在每个接线盒内预留 30～35cm 的 RVS 双绞线。

(5)将火灾声光警报线的另一端作为末端,套入标有"SLA(T)"字样的号码套管,然后用叉型冷压端子端接。

（6）将火灾声光警报线接线端子 SLA(T)＋、SLA(T)－分别固定在实验板端子排 E 的 7、8 号接线柱（以下简称 E_7、E_8）上。

（二）安装非编码型火灾声光警报器

1. 专项知识

HX-100A 型火灾声光警报器属非编码型火灾声光警报器，其外形如图 6-5 所示。

图 6-5　HX-100A 型火灾声光警报器

将 HX-100A 型火灾声光警报器拆开，分为前盖和底座 2 个部分，如图 6-6 所示。

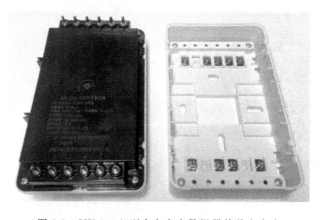

图 6-6　HX-100A 型火灾声光警报器前盖和底座

HX-100A 型火灾声光警报器的底座上有 2 个接线柱，其功能说明如表 6-1 所示。

表 6-1　HX-100A 型火灾声光警报器底座接线柱功能说明

接线柱	功能说明
9	接火灾声光警报线"＋"端
10	接火灾声光警报线"－"端

2．实践要求

在实验板 3、9 号接线盒上各安装一个 HX-100A 型火灾声光警报器。

3．操作步骤

(1)将 3 号接线盒内的火灾声光警报线对折后剪断，为方便区分，在断开处靠近火灾声光警报线首端的接线端套入标有"SLA(3A)"字样的号码套管，而靠近火灾声光警报线末端的接线端套入标有"SLA(3B)"字样的号码套管，然后用管型冷压端子端接。

(2)将火灾声光警报线穿过火灾声光警报器底座的穿线孔。

(3)将火灾声光警报线的接线端子 SLA(3A)＋、SLA(3B)＋固定在火灾声光警报器底座的 9 号接线柱上。

(4)将火灾声光警报线的接线端子 SLA(3A)－、SLA(3B)－固定在火灾声光警报器底座的 10 号接线柱上。

(5)将火灾声光警报器的底座固定在实验板 3 号接线盒上。

(6)将火灾声光警报器的前盖固定在火灾声光警报器底座上。

(7)参考步骤(1)至(6)，在实验板 9 号接线盒上安装一个 HX-100A 型火灾声光警报器。

(三)火灾声光警报线接入火灾报警控制器

1．专项知识

火灾报警控制器主板上有 2 个接线柱:SLA＋和 SLA－,用于连接火灾声光警报线的"＋线"和"－线"。

2．实践要求

将实验板上的火灾声光警报线接入火灾报警控制器。

3．操作步骤

(1)将火灾声光警报线的接线端子 SLA(H)＋、SLA(H)－分别固定在火灾报警控制器的接线柱 SLA＋、SLA－上。

(2)测试火灾声光警报线的接线端子 SLA(H)＋与 SLA(T)＋之间是否导通,如是则继续下一步,否则说明火灾声光警报线的"＋线"存在断路故障,应查找原因并排除。

(3)测试火灾声光警报线的接线端子 SLA(H)－与 SLA(T)－之间是否导通,如是则继续下一步,否则说明火灾声光警报线的"－线"存在断路故障,应查找原因并排除。

(4)测试火灾声光警报线的接线端子 SLA(H)＋与 SLA(H)－,或者 SLA(T)＋与 SLA(T)－之间是否导通,如是则说明火灾声光警报线的"＋线"与"－线"之间存在短路故障,应查找原因并排除。

(四)使用火灾声光警报器

1．专项知识

火灾报警控制器前面板上设有"声光警报"按钮用于控制连接在火灾声光警报线上所有非编码型火灾声光警报器的启动和停止,如图 6-7 所示。

图 6-7　"声光警报"按钮

2．基础知识

启动/停止所有非编码型火灾声光警报器。

3．操作步骤

(1)按下"火灾声光警报"按钮。

(2)观察实验板上的火灾声光警报器是否发出声光警报信号。

(3)按下火灾报警控制器声光警报复位按钮。

(4)观察实验板上的火灾声光警报器是否停止发出声光警报信号。

四、复习思考

1．火灾声光警报器的作用是什么？

2．编码型火灾声光警报器与非编码型火灾声光警报器有何区别？

3．火灾报警控制器为何不能控制指定的非编码型火灾声光警报器启动报警？

4．火灾报警总线是否可以向编码型火灾探测器提供工作电源？

5．编码型火灾声光警报器是否可以与多线型火灾报警控制器配套使用？